LA
THEORIQVE
DES CIEVX ET SEPT

PLANETES, AVEC LEVRS
mouuemens, orbes & difposition tref-vtile
& neceffaire, tant pour l'vfage & pratique
des tables Aftronomiques, que pour la
cognoiffance de l'vniuerfité de ce hault
monde celefte.

Le tout compofé, demonftré & illuftré de figures
par ORONCE FINE, Lecteur
Mathematicien du Roy.

A PARIS,

Chez DENISE CAVELLAT, au mont
S. Hilaire, à l'enfeigne du Pelican.

1607.

PSALME XIX.

Les cieux en chacun lieu,
La puiſſance de Dieu
Racomptent aux humains.
Et ce grand tour eſpars
D'aſtres de toutes pars,
Eſt l'œuure de ſes mains.

A MONSIEVR
MAISTRE CLAVDE
GVIOT CONSEILLER DV
Roy , & Maiſtre de ſes
Comptes à Paris.

ONSIEVR, ſi la grande
ieuneſſe en laquelle vous me
cognoiſſez eſtre preſentement
conſtitué , permettoit que ie
peuſſe propremēt & eloquem-
ment icy vous exprimer les
pueriles conceptions de mon
ſimple eſprit, & ſignamment les cauſes par leſquelles ie me ſens vous eſtre iuſtement obligé & redeuable, certes ie n'eſpargnerois temps & peine pour
ſatisfaire au bon vouloir, que Dieu aidant, me
faira compagnie iuſques à ce que ie le puiſſe vn iour
mettre en faict euident, & deſiree execution. Laquelle pendant que ie ſeray ſongneuſement pour-

A ij

suiuant, ie vous supplie tres-humblement vouloir prendre, comme pour arre, le present liure trouué n'agueres entre le reste des labeurs de feu mon treshonoré pere vostre bon & singulier amy. Lequel liure Antoine Mizaud desirant mettre en lumiere (à qui nous auons esté affectueusement recommandez par nostre pere viuant & mourant, comme aussi toute sa bibliotheque) apres auoir entendu que Guillaume Cauellat, homme fort diligent à bien & proprement illustrer par impression les Mathematiques, faisoit aproches pour l'imprimer, tref-soigneux de nous & nos affaires m'a diligemment sollicité & admonesté vous adresser, & selon mon petit gergon escrire quelque brieue Epistre accompagnant le present opuscule. Duquel il m'a affermé la dedication vous estre iustement deue : pour autant que vous aimez singulierement la cognoissance des choses du Ciel, & aussi que toute nostre pauure famille & maison vous est merueilleusement redeuable. Doncques Monsieur, vostre bon plaisir sera vouloir autant gratieusement recepuoir le present labeur de feu vostre bon amy mon Pere, comme vous auez receu plusieurs choses de sa main & inuention, pendant que Dieu le nous laissoit, & permettoit viure. Ce faisant vous nous obligerez à prier de plus en plus pour

*voſtre proſperité. Laquelle ie vous deſire perpe-
tuelle auecques augmentation de tous biens.
A Paris, au college de Prelle, ce xij. iour de Fe-
urier. M. D. LVII.*

Voſtre Filiol & treſobeiſſant
ſeruiteur.

CLAVDE FINE.

EPITAPHE DE M.

ORONCE FINE, LECTEVR
Mathematicien du Roy.

LE corps en terre à la fin s'est rendu
D'Oronce mort: mort? c'est mal entendu:
Il est la haut appellé par les Dieux,
Pour auec eux viure, & regir les cieux:
Il est rauy sur la machine ronde
Pour mieux la voir & regler: en ce monde
Ne fut trouué digne de telle charge
Autre viuant, tant fust il docte & sage.
Doncques aux cieux son esprit s'est rendu:
Voila pourquoy, helas, l'auons perdu.

MOVRIR POVR VIVRE.

LA THEORIQVE DES

CIEVX ET MOVVEMENTS

d'iceux, comm' aussi des sept planetes : composee & ordonnee par ORONCE FINE, Lecteur Mathematicien du Roy.

Brieue diuision & description de tout le monde vniuersel, auecques la distinction des orbes celestes.

POVR auoir facile cognoissance des choses qui sont cy apres à declarer, il faut premierement noter que tout le monde est vniuersellement composé de deux principales parties, c'est à sçauoir de la region celeste, & de la region elementaire. Par la region elementaire nous entendons les quatre simples elemens : qui sont le Feu, l'Air, l'Eau, & la Terre : & auec ce tous les corps parfaicts ou

Region elementaire & inferieure.

A iiij

imparfaicts, viuans ou non viuans, faicts &
compofez materiéllement, ou virtuellemẽt,
par l'alteration, corruption, mixtion, vnion,
& vertu defdicts quatre elemens. Par la celefte regiõ eft entenduë la machine des ciels
mobiles, comprenaus les eftoilles tant fixes,
comme erratiques, que nous appellons Planetes : de laquelle celefte machine eft a prefent queftion, principalement defdicts ciels
mobiles: defquels le mouuement eft cogneu
& difcerné par les eftoilles eftans in iceux tellement que l'on eft contrainct tant par experience, que par raifon naturelle, attribuer aux
dicts ciels quelque naturel & propre mouuement.

Secondement il faut noter que l'ordre, fituation & figure des quatre elemens deffus
nommez eft ainfi comme s'enfuit. La terre
eft au mylieu de tout le monde, comme centre vniuerfel d'iceluy. Enuiron & par dehors
ladicte terre eft l'Eau, redigee en moindre
quantité, & plus contrainate que fa naturelle difpofition ne requiert : & ce pour la de-
couuerture des parties exterieures de la terre, neceffaires à l'habitation & vie des viuãs:
tellement que l'Eau & lefdictes parties def-
couuertes de la Terre, font vne mefme fu-

perfice par dehors : tendant par tout endroit comme vn mefme corps a rotundité.
L'air enuironne & circuit rondement ladiête
fuperfice exterieure de l'Eau & de la Terre
defcouuerte:

Lequel air eft accidentalement diftingué en
trois interftices, regions principales. C'eft à
fcauoir en la plus haulte, qui eft large enuiron
le milieu, refpondant aux deux tropiques, &
vers les poles du monde eftroite. La plus baffe
aupres de nous, femblablement eftroite vers
les poles, & large enuiron le milieu. Et la moyenne contraire tant de nature accidentale,
que de figure & difpofition aux deux regions
deffus nommées.

Le feu finablement enuironne rondement
L'air, tellement que lefdiêtz quatre elemens
tendent naturellement a rotundité, & font
vne fphere (dont l'exterieure & conuexe fuperfice, eft contigue au côcaue du ciel & orbe
de la Lune) laquelle fphere eft diête elementaire. Defdiêtes chofes enfuit defcription &
figure.

Figure de la partie elementaire du monde.

Tiercement il conuient noter, que autour
& enuiron la region ou sphere elementaire,
est la celeste region, enuironnant & circun
dant orbiculairement & rondement lesdits
quatre elemens, claire, luisante, & decoree de
plusieurs estoilles & de plus parfaicte nature
que les dessusdits elemens, dont on la nomme
la quinte essence.

Et tout ainsi que la region elementaire est
diuisee en plusieurs parties, aussi la celeste machine est separee realement en plusieurs ciels,
& orbes particuliers: c'est à sçauoir en sept orbes deputez aux sept planetes: & le firmament
dit la huitiesme sphere, où sont les estoilles fixes. Et faut imaginer que ces huit orbes sont
vniformes, c'est à dire d'vne egale crassitude,
contigus l'vn à l'autre, & concentriques:
c'est à dire ayans vn mesme centre auec le
monde vniuersel. Desquels l'ordre est trouué
estre tel comme s'ensuit. Le Ciel de la Lune
est prochainement enuironnant l'element du

Feu. Au dessus du Ciel de la Lune, est celuy
de Mercure: Puis le ciel de Venus: Au dessus
duquel est le ciel du Soleil. Puis celuy de
Mars: Apres lequel est le ciel de Iupiter, & finablement le ciel de Saturne: au dessus duquel est le Firmament, le plus grand de tous.
Comme l'on peut aisément comprendre par

la figure cy deſſoubs produicte.

Finablement il faut noter, & experience ce demonſtre, que les ciels deſſuſdicts ont deux principaux mouuemēs: dōt l'vn eſt commun a tous les ciels,& l'element du Feu, & la plus haute region de L'air, tournant auec leſdicts ciels comme ſi ledit mouuement eſtoit vniuerſel, propre,& commun a tout le monde. Lequel mouuement faict ſa reuolution en vingt quatre heures egales, d'orient en occident, ſur les deux poles du Monde, au long de l'equinoctial. Et des accidens de ce mouuement, qui eſt appellé diurnel(a cauſe qu'il faict ſa reuolution en vn iour naturel) appartient traicter en la Coſmographie, ou traicté de l'eſphere mondaine: comme nous auons faict, & doit eſtre preſupoſé deuant ce liure cy.

Description & distinction des orbes celestes.

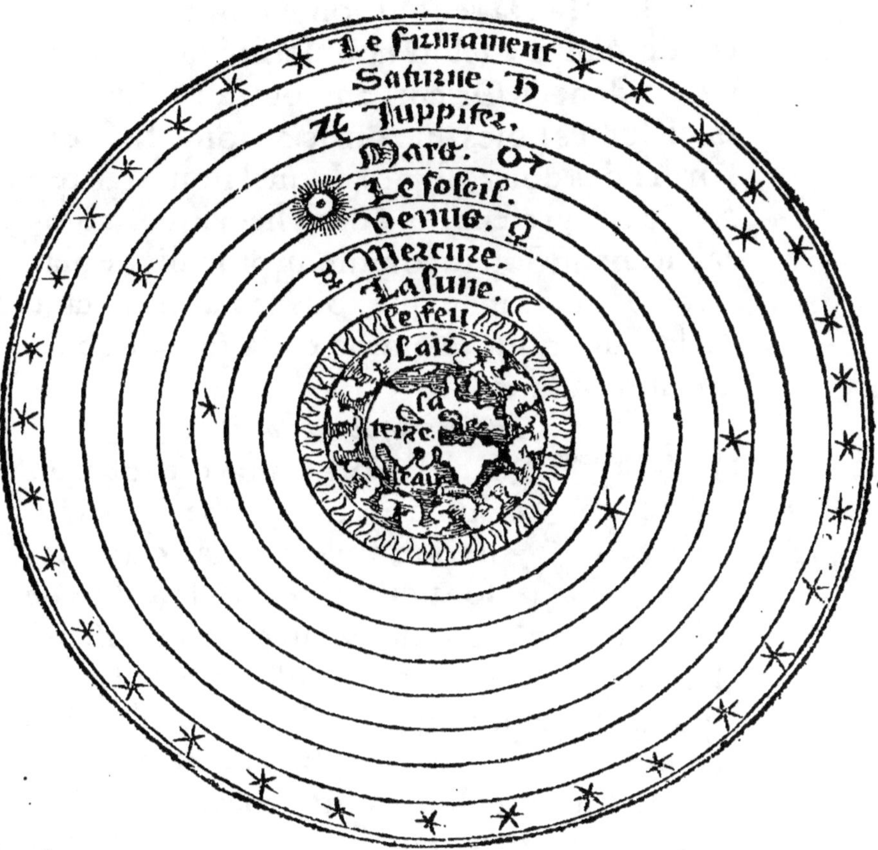

Le fecond mouuement, eft le mouuement
particulier du firmament, & des fept Planetes,
qui eft diuers, & irregulier quant au centre du
monde: & fait fa reuolution en diuerfes efpa-
ces de temps ; felon la diuerfité des orbes,
d'Occident en Orient, au contraire du premier, fur les poles du zodiac, au long & felon
l'ordre des douze fignes: duquel nous traicte-
rons en ce prefent liure des Theoriques, commençans au Soleil, comme au plus digne planete, & plus facile que tous les autres, tant
en fa Theorique, comme en la practique de
fon mouuement.

Mouuemēt du ciel fe-cond.

La Theorique du Soleil.

Defcriptiō des orbes du Soleil.

L E ciel & orbe total du Soleil eft
diuifé en trois orbes particuliers: dont les deux extremes
font difformes, c'eft à dire de
diuerfe & inegale efpoiffeur.
Lefquels font tellement colloquez & fituez,
que la plus efpoiffe partie de l'vn, eft droicte-
ctement refpondant à la plus eftroicte de l'autre. Et font appellez lefdits orbes ainfi difformes, les deux deferens de l'auge du Soleil:
pour la caufe que nous dirons cy apres. Entre
ces deus orbes eft colloqué le tiers orbe totalement vniforme, c'eft à dire d'vne mefme &
egale craffitude à tout endroit: dedans laquel-

Orbe defe-rent l'auge du Soleil.

le craſſitude ou eſpoiſſeur eſt figé le corps du
Soleil: dont ledit tiers orbe eſt appellé le deferent du Soleil: lequel eſt du tout eccentrique, tant au regard de la ſuperſice conuexe &
ſuperieure d'iceluy, que de l'inferieure & concaue: c'eſt à dire, que tout ledit orbe a vn meſme centre, auec le centre vniuerſel de tout le
monde. Mais les autres deux orbes difformes, *Orbe dict*
ſont en partie concentriques, & en partie ec- *concentri-*
centriques: c'eſt que l'vne de leurs ſuperſices *que & ec-*
a pour ſon centre le centre du monde, & le *centrique.*
centre de l'autre en eſt dehors. Car iceux trois
orbes deſſuſdits ont deux centres: a cauſe que
le ciel & orbe tatal du Soleil eſt concentrique *Le centre*
du tout: c'eſt à dire ayant vn meſme centre *du monde*
auec le centre vniuerſel de tout le monde: *commun à*
dont il faut que la conuexe & ſuperieure ſu- *tout l'orbe*
perſice du plus haut orbe difforme, & la con- *du Soleil.*
caue ou creuſe de l'inferieur ayent vn meſme
centre auec tout le monde. Mais les autres
deux ſuperſices interieurs, ſçauoir eſt la concaue de celuy d'enhaut, & la conuexe de celuy
d'embas, auec les deux ſuperſices du moyen
orbe vniforme ont vn autre centre, hors le
centre du monde: lequel eſt appellé le centre
du deferent, ou de l'orbe eccentrique du Soleil. Comme l'on peut comprendre par la figure ſuiuante, & prochaine demonſtration.

La Theorique

Theorique des orbes du Soleil & centres d'iceux.

Cõsequẽment il faut entẽdre, que les deux orbes difformes ont vn mouuement tout conforme à celuy du firmamẽt ou des estoil-les fixes, c'est à sçauoir d'Occident en Orient, faisant sa reuolution selon Ptolomee en tren-te six mil ans: & selõ Albategny en vingt trois mil, cent soixante ans : ou selõ les canons des tables du Roy Alfonse en quarante neuf mil ans. Quoy qu'il en soit le mouuemẽt desditz orbes difformes est du tout semblable à ce-luy des estoilles fixes. Et se faict ledict mou-uement sur les poles, & axe, ou ligne diame-trale de l'eclypticle : c'est à dire de la voye du Soleil: au long & regard de laquelle sont cõ-siderez les mouuemens des cieux. Car l'ecly-ptique n'est autre chose, que la circunferen-ce qu'on imagine estre descripte par le bout de la ligne qui procede du centre du monde, par le centre du soleil iusques au firmament: & ce au propre mouuemẽt & complete re-uolution du Soleil. Laquelle ligne descrit vn cercle diuisant tout le monde en deux moy-tiez esgales, que nous appellons le zodiac, du-quel la circunference est dicte commune-ment l'ecliptique: combien ce soit tout vn, le zodiac, & ladicte ecliptique. Laquelle decli-ne de l'equinoctial en sa plusgrande declina-tion, qui est au milieu des deux intersections

B

Opiniõ du mouuemẽt des estoilles fixes.

Que c'est que l'ecly-ptique & Zodiaque.

de l'eclyptique, auec ledit equinoctial : felon
la moderne obferuation par vingt trois degrez,& enuiron trente minutes:dont les poles de ladicte Eclyptique, & confequemmēt
ceux du mouuement des deux orbes deffuf-
dicts declinent des poles du monde autant
comme ladicte eclyptique de l'equinoctial.
Et la pleine fuperfice qui paffe par les plus
groffes,& plus menuës parties des orbes deffufdits eft partie de l'eclyptique.Et ont iceux
orbes difformes enleur mouuemēt telle proportion & conformité que la plus efpoiffe
partie de l'vn ne fe part iamais du long,& endroit de la plus eftroicte de l'autre: mais font
en vne mefme fuperfice auec l'eclyptique,
croiffant orthogonalement : c'eft à dire , à
droicts angles l'axe diametral deffufdit,fur &
enuiron lequel fe faict ledit mouuement des
deux orbes deffufdits: lequel croife l'axe de
l'equinoctial au centre du monde. Audit
mouuemēt des deux orbes difformes eft cir-
cumduict & porté le moyen orbe, dit l'eccentrique.

Diftance
dés poles de
l'eclypti-
que & des
poles du
monde.

Figure demonstrant les orbes & centres du Soleil.

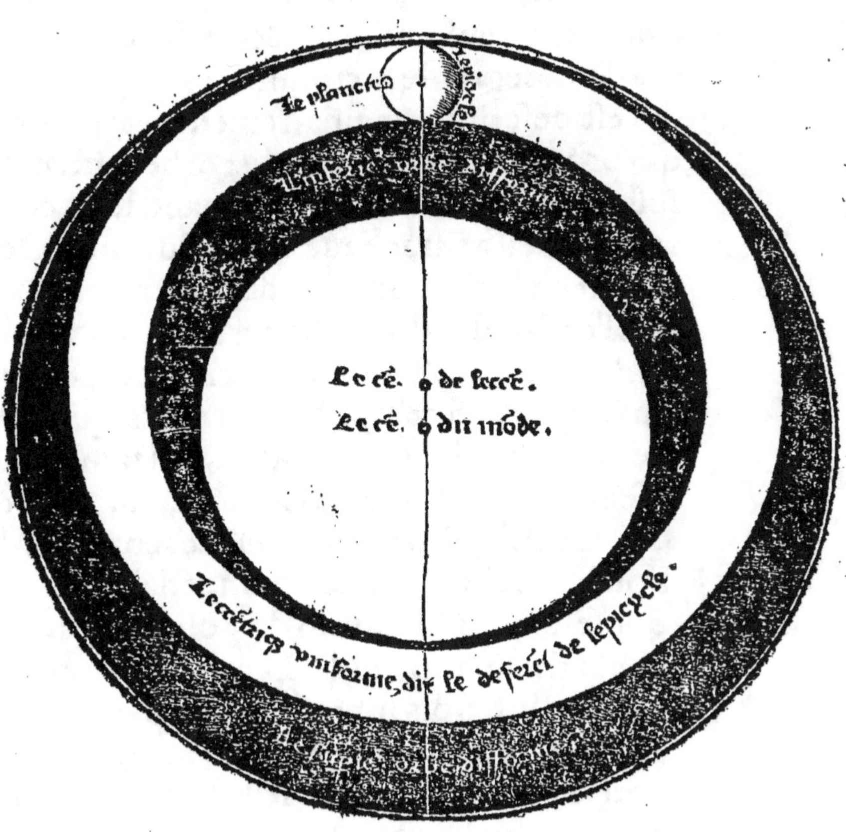

Le moyen orbe du tout eccētrique, appel- lé le deferent du Soleil, eſt regulieremēt cir- cunduiɔt enuiron ſon centre, tellement que le cētre du Soleil faiɔt tous les iours naturels cinquante neuf minutes: & quaſi huiɔt ſecō- des d'vn degré de la circunference du cercle qui eſt deſcript imaginairement par la ligne qui procede du centre dudiɔt orbe different, iuſques au centre du Soleil: quand ledit cen- tre du ſoleil a paracheué ſa reuolution, d'Oc- cident en Orient au long de l'eclyptique, ſe- lon l'ordre des douze ſignes. Lequel cercle ainſi deſcript, eſt appellé le cercle eccētrique du Soleil, & eſt çeluy cercle eccentrique par- tie de l'eclyptique, ou zodiac, qui tant ſeule- ment decline du cercle Equinoɔtial, pour ce que le deſſuſditorbe & cercle eccentrique du Soleil, decline dudiɔt Equinoɔtial, en façon que ſelon la declination du Soleil, eſt ordon- née la declination de l'eclyptique, ou zodiac. Et par ainſi trois ſuperfices circulaires: c'eſt à ſçauoir, celle de l'eclyptique, la ſuperfice du cercle eccētrique du Soleil, & celle qui paſſe par les plus larges, & plus eſtroiɔtes parties des deux orbes difformes, ſont en vne meſ- me plaine: en façō que l'vne eſt partie de l'au- tre comme nous auons dit.

Dont il s'enſuit que le diametral aye enui-

rō & fur lequel l'eccentrique & deferent du
Soleil faiɛt fon mouuement , eft egalement
diftant de celuy de l'eclyptique & orbes difformes au Soleil, à caufe de l'vnion defdiɛtes
fuperfices.

Corollaires & cōfequē̄- ces extrai- ɛtes du pre- cedent.

Il s'enfuit auffi neceffairement, que ledit
axe du deferent & eccentrique du Soleil, au
mouuement des deux difformes defcript enuiron celuy de l'eclyptique vne ronde & co-
lumnaire fuperfice. Et le centre dudiɛt eccétrique autour du centre du monde & les poles d'iceluy , enuirō ceux de l'eclyptique vne
circumference circulaire, felō la diftance des
centres deffufdits: à caufe que tout le differēt
eft tranfporté au mouuement defdiɛts difformes. Laquelle defcription fe peut aucunement comprendre par cefte prefente figure,
en imaginant le Soleil venir de C, au poinɛt
D, & reuenir à C.

Demonstration de l'equidistance & mouuement du centre, axes & poles de l'eccentrique.

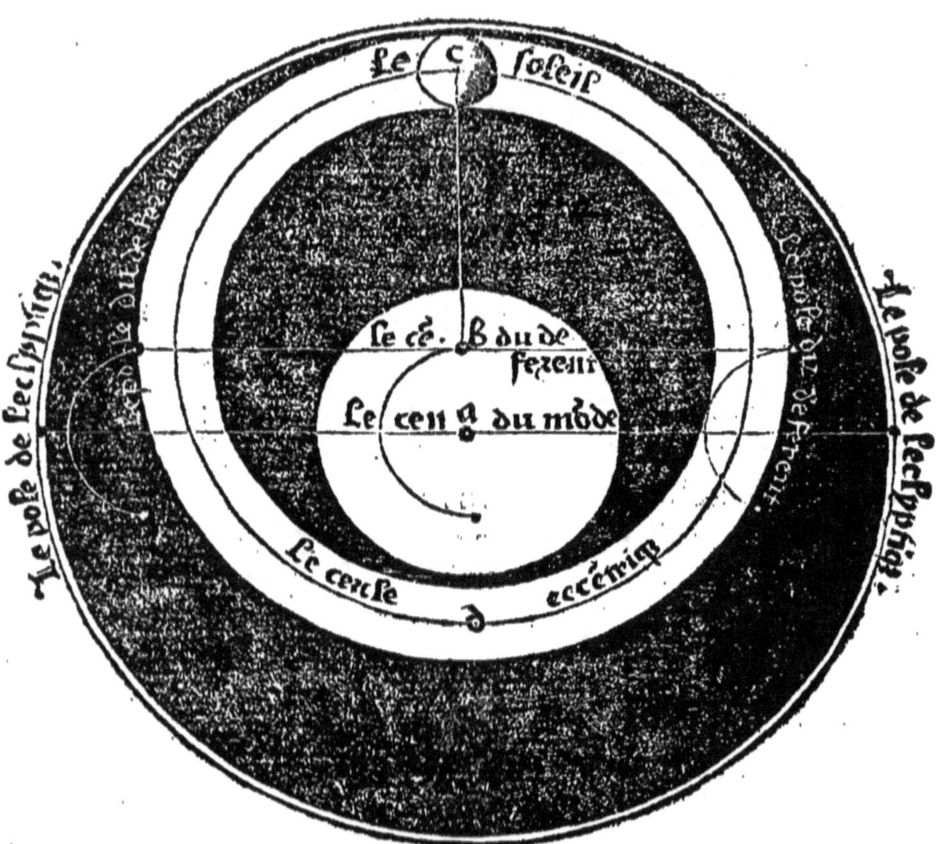

Outre plus il s'enfuit, que le centre du Soleil eſt irregulier en ſon mouuement, quant
au centre du monde, ou au regard de l'eclyptique. C'eſt à dire qu'en interualles de tẽps
egaux & ſemblables, il deſcript de ladicte
eclyptique inegaux & diſſemblables arcs: ou
ſi vous voulez en paſſant & deſcriuãt egaux
& ſemblables arcs de ladicte eclyptique, le
Soleil eſt aucunesfois plus tardif, & aucunesfois plus veloce en ſondit mouuement. Et ce
à cauſe qu'il eſt regulier en ſon mouuement
enuiron le centre & circumference de ſon
eccentrique: dont il ne peut eſtre regulier ſur
le centre du monde, & enuiron la circumfe-
rẽce de l'eclyptique. Car il eſt impoſſible que
vn orbe ſoit tourné au circunduict regulie-
remẽt ſur deux diuers centres. L'exemple eſt
euident par la ſuiuante figure, en laquelle A
eſt le centre du monde, & B le centre du deferent l'eccentique. Car combien que le Soleil en deſcriuant les deux arcs de l'eccentrique C D, & E F, qui ſont egaux : ne mette
plus de temps enl'vn qu'en l'autre: toutesfois
l'arc de l'ecclyptique G H, reſpondant à l'arc
C D, eſt beaucoup moindre que l'arc I K,
reſpondant audit arc E F: & ils ſont toutesfois deſcripts en temps egaux. Et cecy prouient à cauſe que l'eccentrique D E F C, eſt

B iiij

*Du regu-
lier & ir-
regulier
mouuemẽt
du Soleil.*

*Demõſtra-
tiõ du pre-
cedent.*

plus prochain de l'eclyptique vers G H, qu'il
n'est à l'endroit opposite vers I K, dont les lignes A I, & A K, sont plus ouuertes, que ne
sont A G, & A H, & comprenent plus grand
arc.

Demonstration de la regularité & irregu-
larité du Soleil.

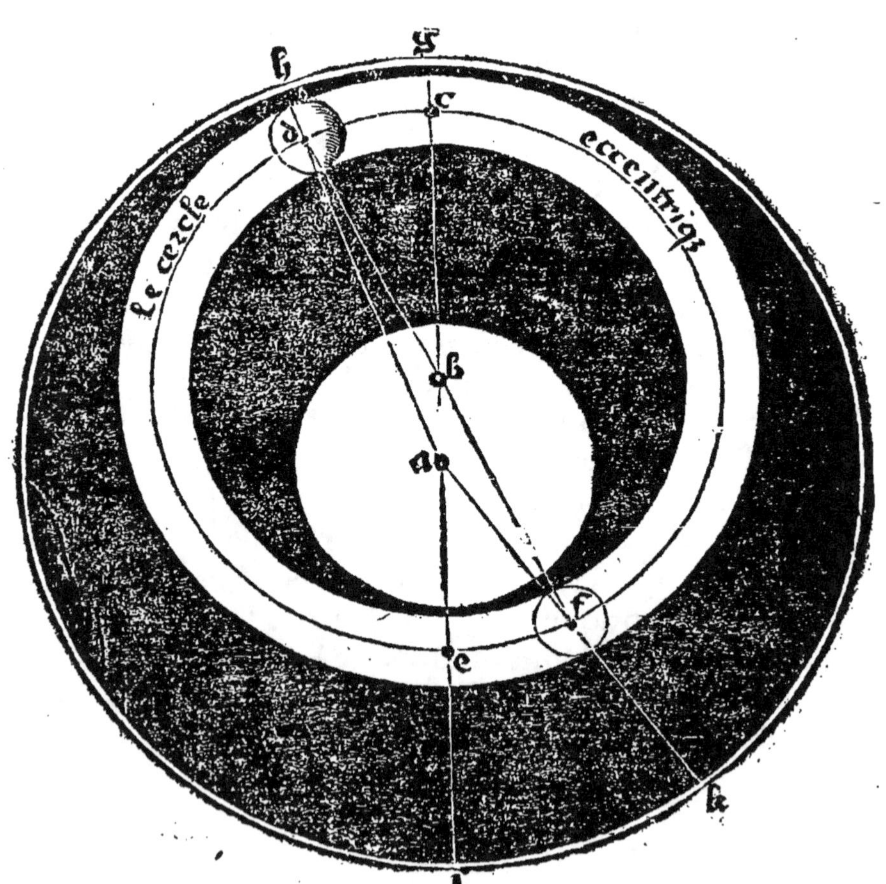

Refte venir aux termes neceffaires à la cal- culation & prattique du vray mouuement & cours du Soleil, felon le commun vfage des Aftronomiens. Il faut doncques premie- rement entendre, que pource que l'eccen- trique a fon centre hors du centre du mon- de, que ledit eccentrique accede plus au firmament du cofté dudit centre, que de l'autre. Parquoy la ligne diametrale dudit eccentrique paffant par fon propre centre, & par le centre du monde, comme eft la ligne C E, de la figure fuiuante, diftingue en la circumference du cercle eccentrique deux poincts : dont l'vn eft le plus loingtain du centre du monde, & eft communement ap pellé l'auge, ou eleuation du Soleil : c'eft à fça-uoir le point qui denote la ligne ou partie du diametre deffufdit, procedant du centre du monde, par le centre dudit eccentrique. La-quelle ligne eft dicte la plus longue longitu-de, ou la ligne de l'auge du Soleil. Comme reprefente la ligne A C, paffant du centre du monde A, par le centre de l'eccentrique B, & denotant ledit point de l'auge C, en l'ec-centrique C D E F, de ladicte figure. L'au-tre poinct oppofite au deffufdit, qui eft denoté par le refidu de ladicte ligne diame-trale vers la partie de l'eccentrique plus pro-

chaine de l'eccentrique est le poinct entre
tous le plus prochain dudit centre du monde, & est appellé l'opposite de l'auge du Soleil: & ladicte ligne est nommee la plus breue
longitude comme demonstre le point E, denoté par la ligne A E, opposite au poinct C,
& à la ligne A C. Et pource que les deux orbes difformes tournent le moyen eccentrique à leur mouuement, & consequemment
le centre dudit eccentrique, la dessusdicte ligne de l'auge est quant & quant circunduicte
au mouuement des deux orbes dessusdictz.
Dont l'arc de l'eclyptique comprins depuis le
commencement du signe d'Aries, selon l'ordre des douze signes, iusques à la ligne des-

susdicte, est appellé le mouuement de l'auge du Soleil, Comme est l'arc G H : lequel
plusieurs nomment l'auge du Soleil en sa seconde signification ou acception. Et pour
ceste cause les deux difformes sont appellez
les deferens l'auge du Soleil, comme a esté
dict au commencement de ceste Theorique.
Entre ces deux poinctz de l'auge & de son
opposite, il y a deux poinctz tant seulement
en ladicte circunference de l'eccentrique
egalement distans du centre du monde, dont
l'vn est du costé dextre, & l'autre du costé senestre. Entre lesquels ceux qui distin-

guent la ligne droicte croisant à droicz angles la ligne de l'auge par le centre du monde, sont appellez les poincts des moyennes
longitudes du Soleil. Et chacune moytié de
ladicte ligne depuis le centre du monde, iufques à ladicte circunference de l'eccentrique, est dicte la moyenne longitude du Soleil. Et ce par moyen proportional. Car telle
proportion a la ligne de l'auge, à chacune
d'icelles, comme l'vne desdictes moyennes
longitudes, a la plus breue longitude. L'e-
xemple des choses dessusdictes peut estre
prins des poincts D & F, & des lignes A D,
& A F, de la figure qui s'enfuit.

Theorique & demonstration des mots & choses propres au mouuement du Soleil.

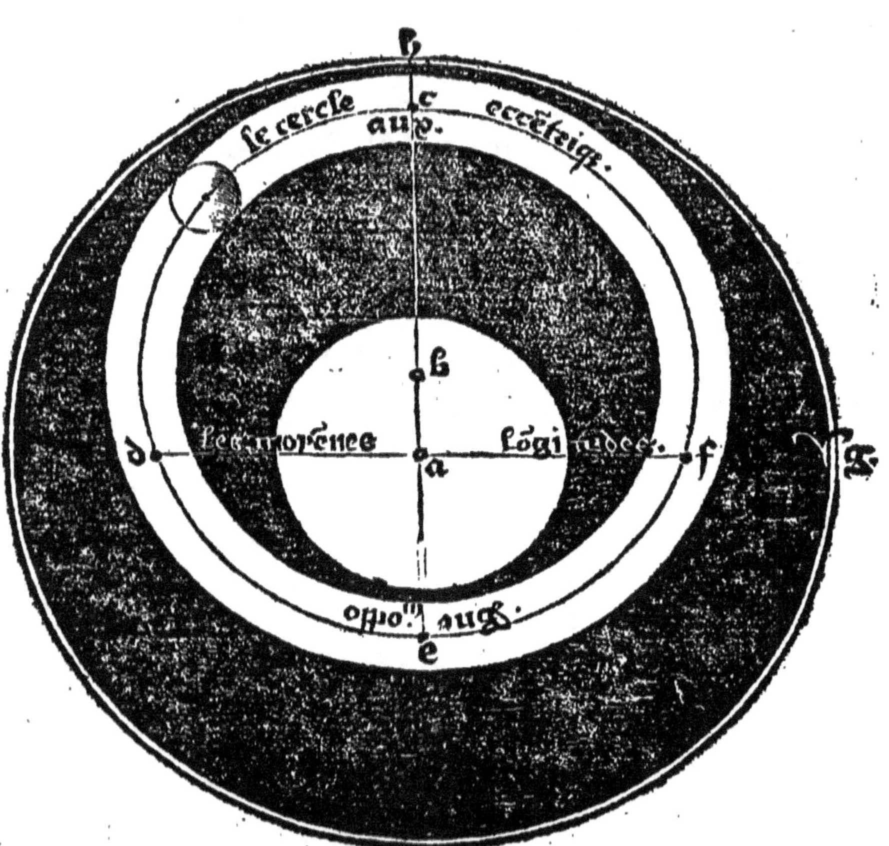

Secondement il eſt à noter que tous les
mouuemens tant reguliers comme irregu
liers, ſe doiuent referer au centre du monde.
A ceſte cauſe faut imaginer vne ligne procedant droictement du centre du monde (diſtant egalement touſiours de la ligne qui eſt
produicte du centre de l'eccentrique iuſques
au centre du Soleil) laquelle ſera appellee la
ligne du moyen mouuement du Soleil , ainſi que repreſente la ligne A F , ou A G , de la
ſuiuante figure , en laquelle le centre du
monde eſt A , & de l'eccentrique B , l'eccentrique I K L M , & l'ecliptique C D F G. Et
fera ceſtedicte ligne du moyen mouuement,
en temps egaux autant de l'eclyptique, comme le centre du Soleil de ſon eccentrique.
L'arc doncques de ladicte eclyptique depuis le commencement du ſigne d'Aries,
iuſques à ladicte ligne du moyen mouuement, ſelon l'ordre des douze ſignes, eſt appellé le moyen mouuement du Soleil , qui
eſt moyen entre le plus veloce & plus tardif que puiſſe auoir le Soleil, & par le moyen
duquel on vient à la cognoiſſance du vray.
Comme eſt l'arc C D F , ou l'arc C F G , de
la figure ſuiuante. Item l'arc de ladicte ecliptique , puis la ligne de l'auge du Soleil,
iuſques à la ligne du moyen mouuement, eſt

appellé l'argument du Soleil , comme l'arc D F, ou D F G. En façon que le moyen mouuement, comprend le mouuement de l'auge, & ledit argument du Soleil. La ligne qui procede du centre du monde par le centre du Soleil, iusques au fitmament, est dicte la ligne du vray mouuement du Soleil, comme la ligne A K E , ou A M H. Et l'arc de ladicte eclyptique, puis le commencement d'Aries, selon l'ordre des douze signes, iusques à ladi- cte ligne, est le vray mouuement du Soleil. En exemple duquel est l'arc C D E, ou l'arc C F H, supposé tousiours que, C soit le commencement d'Aries. Item l'arc de l'eclyptique, comprins entre la ligne du moyen, & la ligne du vray mouuement, est nommé l'equation du Soleil. Ainsi que represente l'arc E F, ou l'arc G H , de la figure cy dessoubs representée.

Demonstration des choses qui restent pour le vray mouuement du Soleil.

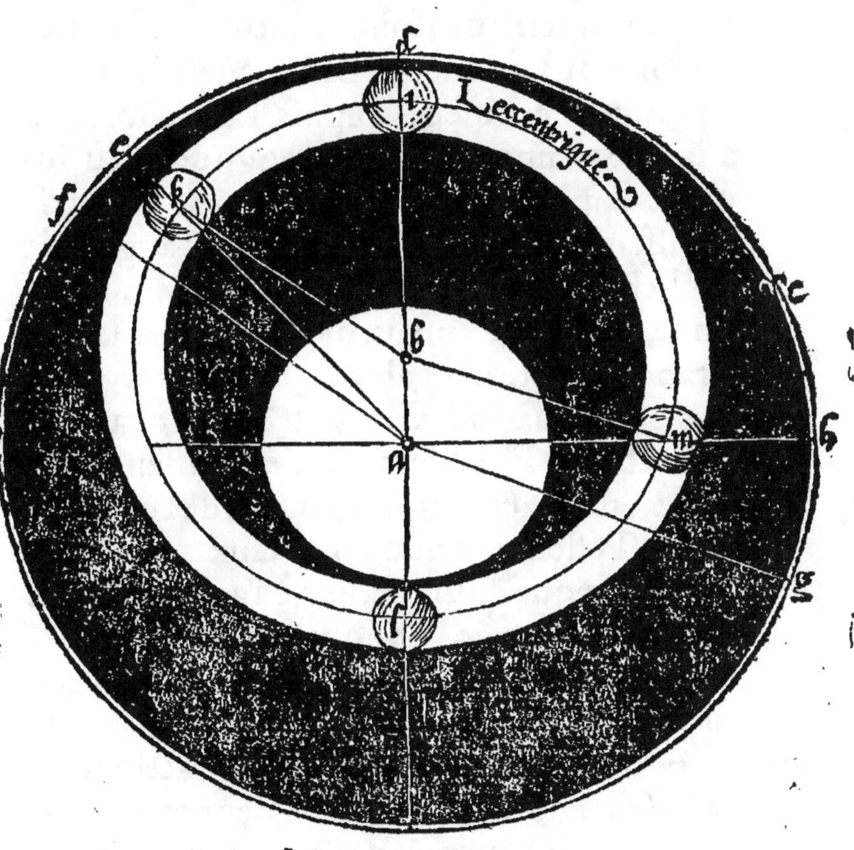

Et faut entendre que la deſſuſdicte equation du Soleil eſt nulle , quand le Soleil
eſt en l'auge , ou oppoſite dudit eccentrique. A cauſe que les lignes du moyen &
vray mouuement ſont ioinctes enſemble.
Comme aux poinctz I & L. Mais leſdictes
equations croiſſent depuis l'auge iuſques
à la prochaine moyenne longitude : où aduient la pluſgrande equation , & puis deſcroiſſent iuſques à l'oppoſite de l'auge , de
rechef croiſſent iuſques à la ſuiuante moyenne longitude , où ſuruient encores la plus
grande equation egale à la precedente, comme eſt l'equation G H , le Soleil eſtant au
poinct M. Finablement deſcroiſſent proportionalemēt iuſques à l'auge de l'eccentrique. Tellement que aux deux poincts de
l'eccentrique equidiſtans de l'auge dudit eccentrique, ou de l'oppoſite aduiennent meſmes ou egales equations , dont les tables ne
ſont calculees que pour demy cercle.

Finablement pour venir à la practique des
choſes deſſuſdictes, il eſt euident qu'en ſoub-
trahāt le mouuemēt de l'auge du moyē mouuement du Soleil trouuez par les tables, qu'il
demeure l'argument. Comme en oſtant l'arc
C D, de C D F, ou C F G, reſte l'argument deſſuſdit D F , ou D F G : & ainſi des autres.

L'ar-

L'argument trouué, on entre auec iceluy aux
tables des equations, pour trouuer l'equation propre & neceſſaire: Car leſdictes equations ſont diuerſes, ſelon la diuerſité dudict
argument, comme nous auons dict cy deuant. De rechef par le moyen de ladicte
equation, on vient à la cognoiſſance du vray
lieu & mouuement du Soleil: ainſi comme
s'enſuit. Il faut doncques conſiderer la quantité dudit argumēt: car ſi l'argumēt eſt moindre de ſix ſignes communs: c'eſt à dire quand
le Soleil eſt deſcendant de l'auge de l'eccentrique à ſon oppoſite, la ligne du moyē mouuement precede celle du vray, à cauſe que
lors le centre du monde precede celuy de
l'eccentrique, comme le Soleil eſtant au
poinct K. Dont le moyen mouuement eſt
plus grand que le vray. Parquoy il faut lors
ſoubtraire l'equation du Soleil de ſon moyē
mouuement: à celle fin que le vray mouuē-
ment demeure. Mais ſi ledit argument eſt
pluſgrand que de ſix ſignes, qui aduient
quand leSoleil remonte de l'oppoſite de l'auge audit point de l'auge, lors la ligne du vray
mouuement precede celle du moyen, à cauſe que le centre de l'eccentrique precede celuy du monde: parquoy le vray mouuement eſt plus grand que n'eſt le moyen.

C

Il faut doncques lors adiouſter ladicte equation au moyen mouuement, pour auoir le
vray. Comme vous pouuez veoir l'exemple
par la figure precedente, le Soleil eſtant premierement au poinct K, où il faut oſter l'e-
quation E F, du moyen mouuement CDF,
pour auoir le vray CDE. Au contraire le Soleil eſtant au poinct M, il faut adiouſter l'e-
quation GH, au moyen mouuement C F G,
pour auoir le vray CFH. Dont il s'enſuit que
quand le Soleil eſt en l'auge I, ou en l'opoſite
L, que le moyen mouuement eſt egal au vray
qui eſt quand l'argument eſt nul, ou ſix ſignes
communs preciſement. Et par ainſi par le
moyen mouuement, & par le mouuement
de l'auge, on a l'argument: & par ledict argument on prend l'equation, & par l'addition
ou ſoubtraction d'icelle, on obtient le vray
mouuement & lieu du Soleil. Comme clairement & oculairement appert en la precedente figure & demonſtration. Qui ſera fin
de la Theorique du Soleil, familierement
expliquee.

La Theorique de la Lune.

Our entendre la diuersité & practique des mouuemens de la Lune, il faut imaginer le ciel & orbe
totai de ladicte Lune, estre diuisé
en quatre orbes particuliers, & vne petite
sphere que nous appellons epicycle. Desquels orbes, les trois sont ainsi figurez comme ceux du Soleil, c'est à sçauoir les deux
deferens du poinct de l'eccentrique (appellé
aux) difformes, c'est à dire d'espoisseur inegale, tellement situez, que la plus estroicte
partie de l'vn, respond tousiours à la plus
large de l'autre. Entre lesquelz est vn orbe vniforme, appellé l'eccentrique, ou le
deferent de l'epicycle de la Lune. En l'espoisseur duquel est situé ledict epicycle, se-
paré toutesfois dudict eccentrique, & con-
tigu à la concauité d'iceluy, ou est ledict epicycle. Lequel epicycle contient enuiron le
bord de soy, le corps de la Lune. Au dessus
de ces trois orbes, est vn orbe quatriesme
vniforme, enuironnant tous les trois autres, au mouuement duquel (comme nous
dirons cy apres) se mouuent les intersections
de l'eclyptique, & du cercle eccentrique
de la Lune: dont l'vne est appellée le chef,
& l'autre la queuë du dracon. Et font ces

La diuision des orbes de la Lune.

Epicycle de la Lune auec ses orbes ec-centriques & concé-triques.

orbes deſſuſdicts vn orbe total vniforme &
concentrique : c'eſt à dire ayant vn meſme
centre auec le centre du monde. Car lesdeux
ſuperfices du quatrieſme & la conuexe du
difforme ſuperieur, auec la concaue de l'inferieur, ont vn meſme centre, qui eſt le centre
du monde. Mais il y a vn autre centre (comme au Soleil) qui s'appelle le centre de l'eccentrique, ou deferent l'epicycle de la Lune.
Pource que le centre des deux ſuperfices dudit deferent, où eccentrique de la Lune, &
Centre ec- de la concaue ſuperfice du difforme ſupe-
centrique
de la Lune. rieur, & conuexe de l'inferieur , contigues
aux deux de celuy du milieu, eſt vn autre centre, hors le centre du monde , qui s'appelle
proprement le centre de l'eccentrique de la
Lune : comme demonſtre la figure qui s'enſuit.

Theorique & demonstration des orbes de la Lune, auec leurs centres.

Il faut consequemment entendre , que la plaine superfice, que descript la ligne, produicte par imagination du centre de l'eccentrique iusques au centre de l'epicycle (qu'on appelle proprement le cercle eccentrique de la Lune) acomplie la totale reuolution dudit cêtre de l'epicycle (laquelle superfice est partie de celle qui passe par les plus estroictes, & plus larges parties des deux orbes difformes) diuise & interseque la plaine superfice de l'eclyptique, au long de la ligne diametrale, qui passe par le centre du monde, au trauers de ladicte eclyptique. Tellement que ladicte superfice d'iceluy eccentrique, decline de la superfice de l'eclyptique , vne partie d'icelle vers midy, & l'autre vers Septentrion. Dont l'intersection , par laquelle le centre de l'epicycle vient de midy à Septêtrion, s'appelle chef du dracon, & l'opposite (par laquelle passant le centre dudict epicycle, va de Septentrion à midy) est nommée queuë du dracon. Et la plusgrande declination desdictes superfices (qui tousiours est au poinct du milieu, entre lesdictes sections) est inuariablement de cinq degrez, & s'appelle propremêt latitude. Tellement que la latitude de la Lune n'est autre chose que l'arc du grand cercle, qui passe par les poles de l'eclyptique, comprins entre les-

Cercle eccentrique
de la Lune.

Chef &
queue du
Dracon
Lunaire.

Latitude
de la Lune.

dictes superfices du cercle de l'eclyptique, &
de l'eccentrique de la Lune. Comme lon
peut aucunement veoir par la figure suiuãte.

Demonstration oculaire du chef & queue du dracon
Lunaire, comme aussi de la latitude de la Lune.

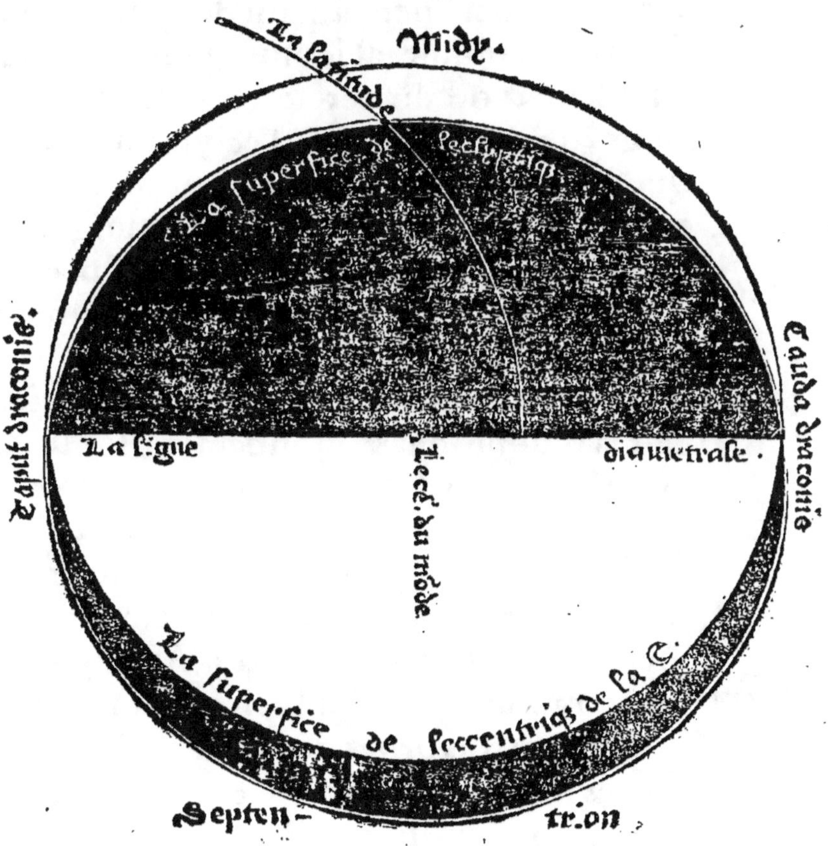

Il faut doncques neceſſairement que le diametre des deux orbes difformes diuiſe le diametre de l'eclyptique au centre du mon-de:comme le diametre de ladicte eclyptique diuiſe celuy de l'equinoctial audict centre tellement que tous trois s'entrecouppent. Et s'enſuit auſſi que les poles deſdicts orbes difformes, declinent autant des poles de l'e-clyptique,comme eſt la plus grande latitude où declination du cercle eccentrique de la Lune, de la ſuperfice de l'eclyptique : ainſi que les poles de l'eclyptique declinent des poles de l'equinoctial , ſelon la pluſgrande declination du Soleil. Le tout ſera manife-ſte & euident par la figure qui enſuiura cy apres.

Le quatrieſme orbe vniforme & ſuperieur fait ſa reuolution & mouuement ſur le dia-metre & poles de l'eclyptique , enuiron le centre du monde , d'Orient en Occident, faiſant tous les iours naturelz , outre les vingtquatre heures du mouuement diur-nel , enuiron trois minutes. Auecques le-quel mouuement ſont circunduictz tous les autres trois orbes de la Lune. Dont leſ-dictes interſections aprellées chef & queuë du dracon , enſuiuent ledit mouuement, & changent de lieu en ladicte eclyptique pa-

Du mu-tuelentre-couppemét des diame-tres & axes Lunaires.

Mouuemét du chef & queue du Dracon Lunaire.

reillement de trois en trois minutes ou enuiron vers Occident par chacun iour: dont ledit orbe s'appelle vulgairement le porteur
du chef & queuë du dragon de ladicte Lune.
De ce que ensuit (à cause dudict mouuemēt)
que les poles des deux orbes difformes tournent continuellement à l'entour des poles
de l'eclyptique, & descriuent circulaires re
uolutions (dont le semidiametre est de cinq
degrez) tout ainsi qu'on imagine les poles de
l'eclyptique, descrire les cercles arctique &
antarctique, enuiron les poles du monde,
Comme l'on peut facilement imaginer par
la figure suiuante.

Demonstration des diametres & axes lunaires.

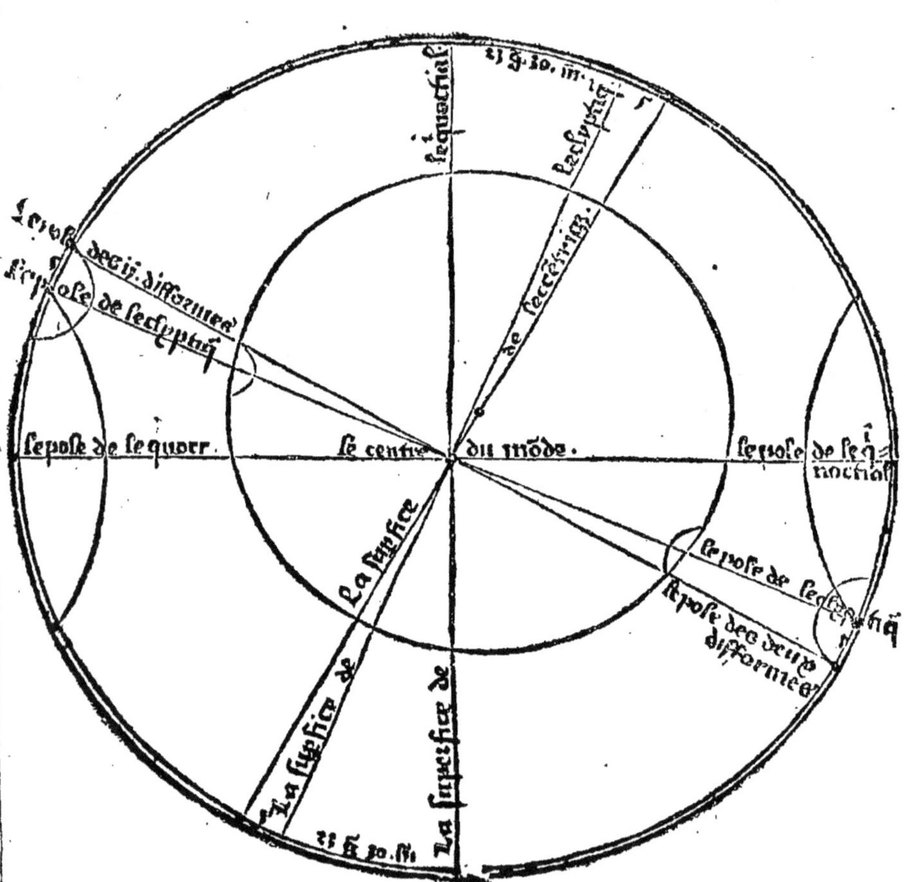

Il
du c
la li
de,
cir
ele
tou
Et
c'e
te
tr
g
fa
la
d
l

Il faut confequemment noter que le point
du cercle eccentrique de la Lune, denoté par
la ligne droiɛte procedant du cëtre du monde, par le centre de l'eccentrique, iufques à la
circūference dudit eccentrique, qui eſt plus
eleué & lointain du centre du monde que
tous les autres, eſt appellé Aux, ou eleuation.
Et l'oppofite s'appelle l'oppofite dudiɛt aux:
c'eſt à dire le poinɛt diametralement oppoſi
te à l'eleuatiō, qui eſt le plus prochain du centre du monde. Et la ligne trauerſant orthogonalement, c'eſt à dire à droiɛts angles, paſ-
fant par le centre du monde, demonſtré en
ladiɛte circunference, les deux poinɛts, l'vn
deça, & l'autre dela des moyennes longitudes. Tout ainſi cōme nous auons dit du Soleil, & ceſte figure demonſtre.

Demonstration du mouuement du chef & queue du Dragon lunaire.

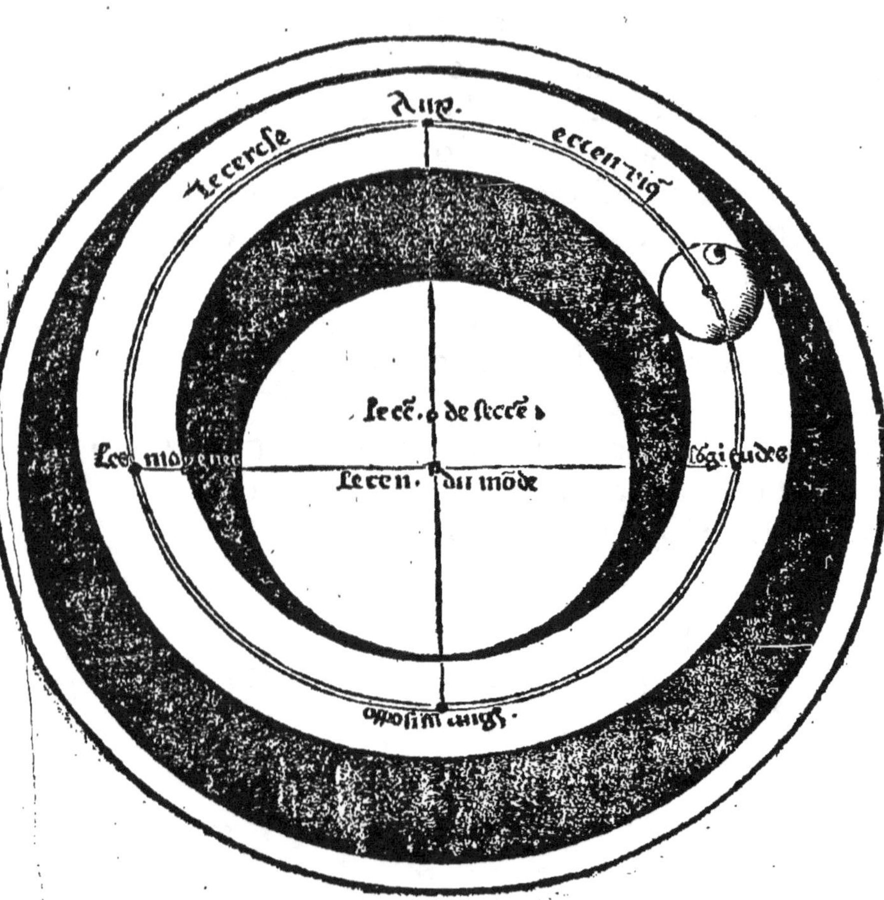

Cecy noté il faut entendre que les deux orbes difformes font leur mouuemēt regulier
d'Orient en Occident : enuiron le centre du
monde, & à l'ētour de leur diametre & propres poles, declinans (comme a esté dit) des
poles de l'eclyptique par cinq degrez, faisans
tous les iours naturels, outre le mouuement
diurnel de vint quatre heures, vnze degrez,
& quasi douze minutes.

Dont il ensuit premierement, que au mouuement desdicts orbes difformes, le centre,
& diametre auec les poles de l'eccentrique,
font regulierement circunduicts enuiron le
centre, diametre, & poles d'iceux orbes difformes, en descriuant pareillement d'Orient
en Occident (c'est à dire contre l'ordre des
signes)orbiculaires circumductions : felon la
distance qui est entre le cētre du monde (qui
est le centre desdicts orbes difformes) & le
centre dudict eccentrique. A cause que au
mouuement desdictes orbes difformes, le
moyen eccentrique est meu, & pareillement
circunduict comme aussi le cercle eccentrique, auec son centre, & consequemment le
diametre & les poles : car au mouuemēt d'vn
orbe total, se meuuent toutes ses parties.

Secōdement il ensuit que le poinct de l'auge, ou eleuation de l'eccentrique, pareille-

*Du mou-
uement &
variation
de l'auge.*

ment soit meu: & regulierement circundui&
contre l'ordre des signes d'Orient en Occi-
dét en passant: & circuiant l'eclyptique. Tellement que ladi&e auge ou eleuatió est aucunesfois en la supefice de l'eclyptique, & le
plus souuent dehors vers Septentrion, ou
Mydi. Et autant en faut entendre du centre
dudit eccentrique, pour ce qu'il est en vne
mesme ligne droi&e, procedant du centre
du monde: & aussi que l'eccentrique decline
de l'eclyptique,&les poles desdi&s orbes difformes des poles de ladi&e eclyptique: comme souuent a esté di&.

*De l'inter
se&ion de
l'eccentri-
que & eli.
ptique.*

Item il ensuit,que la superfice de l'eclyptique ne diuise point tousiours la superfice du
cercle eccentrique de la Lune esgalement.
Fors seulement quád le centre &la plus loin-
taine eleuation de l'eccentrique (que nous
appellons aux) sont en la ligne diametrale de
la commune se&ion & diuision desdi&es superfices. Car en la partie de l'eccétrique ayát
aucune latitude,ou declinát de l'eclyptique,
ou est ledit point de l'auge ou eleuation, &
consequemment le centre dudit eccentrique, est tousiours la plusgrande portion du-
di& cercle eccentrique de la Lune. A cause
que ladi&e ligne diametrale ne passe point
alors par le centre dudit eccentrique: dont

elle le diuise inegalement , laissant tousiours
la plusgrande partie vers le centre : qui faict
que pour les accidens dessusdicts , iceux orbes difformes sont communement appellez
les deferens de l'auge , ou eleuation de l'eccentrique de la Lune.

Le moyen orbe appellé l'eccentrique , ou
deferent l'epicycle de la Lune a son mouuement d'Occident en Orient , selô l'ordre des
douze signes, à l'entour de son centre, diametre, & propres poles (equidistans du centre,
diametre, & poles des deux orbes difformes,
selon la distance de leurs centres) en telle façon & maniere que le cêtre de l'epicycle faict
tous les iours regulierement enuiron le centre du monde treze degrez, & quasi vnze minutes, Ce que tu pourras mieux comprendre
par ceste figure, en imaginant les mouuemés
estre faicts selon le long de leurs plaines superfices.

Demonstration & figure des choses precedentes.

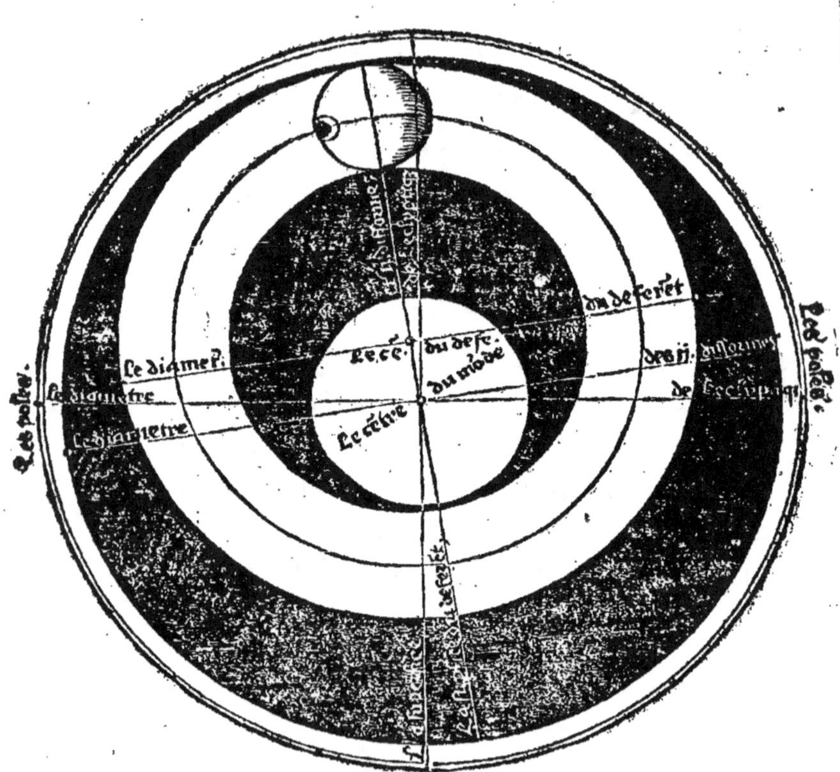

Doncques il s'enfuit que nonobſtant que
l'eccẽtrique, ou deferent l'epicycle de la Lune, ſoit meü & circunduiƈt ſur & enuirõ ſon
propre centre, diametre ; & poles: il eſt toutesfois ſur & enuiron iceux irregulier, quant
à ſondiƈt propre moüuement , au contraire
du Soleil. Pource que ledit eccentrique eſt
regulier enuiron le centre du monde (comme nous auõs dit) & iamais vn orbe ou Sphere ne peut eſtre regulier en ſon mouuement
propre ſur deux centres diuers.

Il s'enfuit pareillement que d'autant que
l'epicycle de laLune eſt plus prochain del'auge, ou eleuation de ſon deferent ou eccentrique: d'autant plus ſon centre eſt velocement
ou viſtement circunduiƈt. Et tant plus prochain eſt ledit epicycle de l'oppoſite de l'auge
(c'eſt à dire du poinƈt plus prochain du centre du monde) tant plus eſt le centre dudiƈt
epicycle tardif en ſon moüuement enuiron
le cẽtre de ſon deferêt ou eccentrique. Ainſi
que l'on peut, par ceſte figure ſuiuant deduire facilement par les deux angles egaux faiƈts
au centre du monde, l'vn vers l'auge , ou eleuation de l'eccentrique:& autre vers ſon op-
poſite.Car celuy qui eſt vers ladiƈte eleuatiõ,
comprend pluſgrand arc de la circunference de l'eccentrique,que celuy qui eſt vers ſon

D

oppofite, nonobftant qu'ils foient defcripts
par le centre de l'epicycle en interualle des
temps egaux.

Demonftration des chofes cy deffus efcriptes.

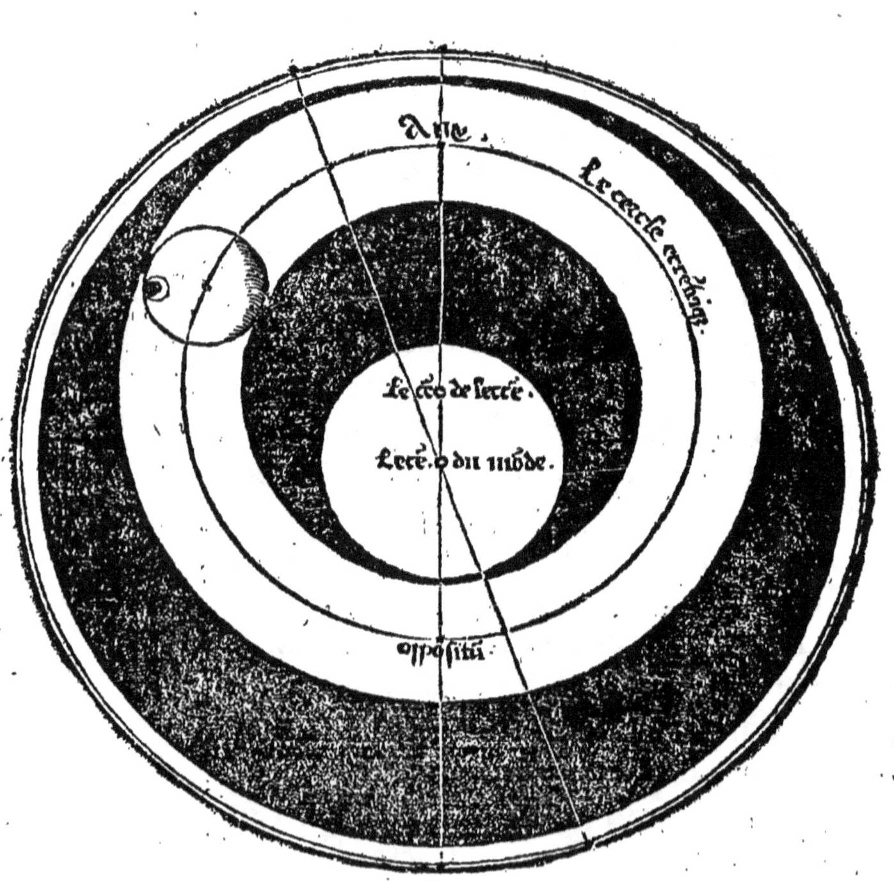

La Lune doncques (ainſi que le Soleil) a deux mouuemēs referez au centre du monde, le moyen & le vray.

La ligne du moyen mouuement de la Lune, eſt celle qu'on produict par imagination, du centre du monde, par le centre de l'epicy cle, iuſques au zodiac, Comme la ligne A D, de la figure qui s'enſuit.

Ligne du moyē mou- uement de la Lune.

Le moyen mouuement de la Lune eſt l'arc de l'eclyptique, ſelō l'ordre des douze ſignes, depuis le commencement du ſigne d'Aries, iuſques à la ligne du moyen mouuement. Comme l'arc B C D, ſuppoſé que B, ſoit le commencement dudict Aries.

Moyen mouuemēt de la lune.

La ligne du vray mouuement de la Lune, eſt celle qu'on imagine produicte, du centre du monde, par le centre du corps de ladicte Lune, iuſques au zodiac. Ainſi que repreſen- te la ligne A E, de ladicte figure.

Ligne du Vray mou- uement.

Le vray mouuement de la Lune, eſt l'arc de l'eclyptique, comprins depuis le commence- ment du ſigne d'Aries, iuſques à la ligne du vray mouuemēt, ſelon la ſucceſſion des dou- ze ſignes. Comme l'arc B C E.

Vray mou- uement de lune,

L'arc de ladicte eclyptique, entre le poinct de l'auge où eleuation de l'eccentrique, & la ligne du moyen mouuement, ſelon l'ordre des ſignes, eſt appellé le centre de la Lune.

Centre de la lune.

D ij

Comme l'arc C D, ce que nous appelliõs Argument au Soleil.

L'arc outre plus, & interualle de l'eclyptique selon l'ordre des douze signes, comprins entre la ligne du moyen mouuement du Soleil, & la ligne du moyen mouuement de la Lune, est appellé la moyenne elongation du Soleil & de la Lune. Comme est l'arc F D, de la figure precedente, supposé que A F, soit la ligne du moyen mouuement du Soleil.

*Demonſtration des lignes des moyens & vrais
mouuements de la Lune.*

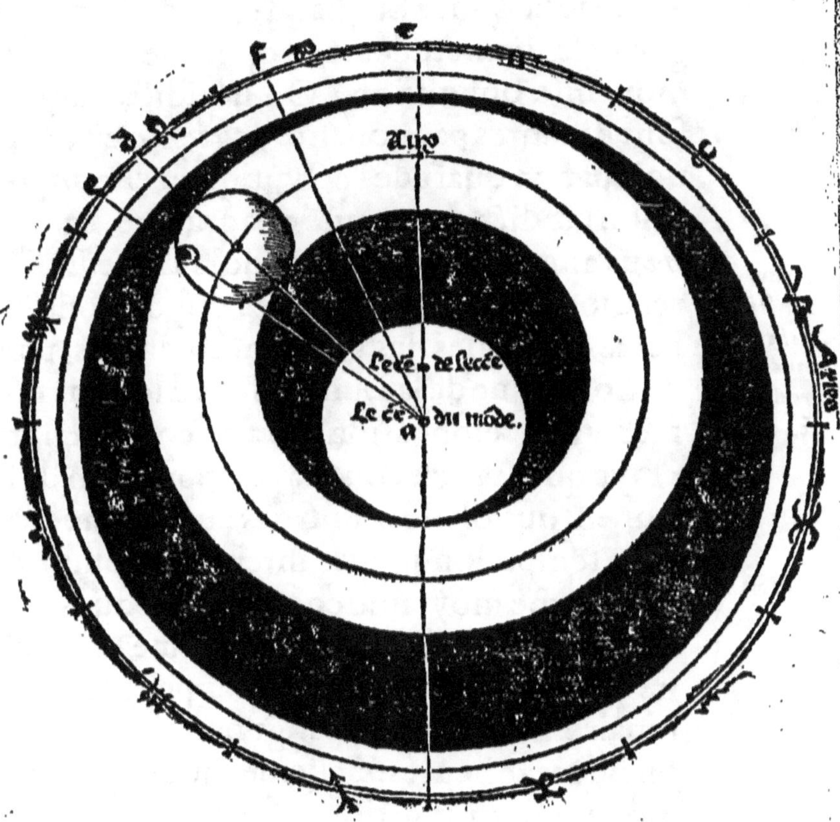

Faut noter que quand les lignes du moyen mouuemēt du Soleil & de la Lune ſont en vn meſme poinct ſelon la longitude du zodiac, on appelle cela moyenne cõiunction du Soleil & de la Lune. Et quand l'vne deſdictes lignes eſt diametralement oppoſite à l'autre moyenne oppoſition : Ou ſi leſdictes lignes ſont diſtantes par nonante degrez, c'eſt à ſcauoir par vn quart de l'eclyptique: celle diſpoſition eſt dicte moyenne quadrature, ce que nous appellons le quartier de la Lune. Et ſi la relation deſdis interualles, & diſpoſitions, eſt

faicte des lignes des vrays mouuemens, tant du Soleil que de la Lune : alors il les faut nõ-mer vraye elongation, vraye coniunction, vraye quadrature, ou vraye oppoſition de la Lune & du Soleil Et ainſi des autres planetes.

Le temps donques & interualle, comprins depuis vne moyenne coniunction du Soleil

& de la Lune iuſques à la prochaine & moyē-ne coniunction ſuiuante, eſt appellé vn mois lunaire. Et comprend vingt neuf iours & en-uiron treze heures. Tellemēt que depuis vne moyenne coniunction iuſques à la prochai-ne moyenne oppoſitiõ du Soleil & de la Lu-ne, y a quatorze iours, dixhuict heures, & vingt deux minutes. Et depuis vne moyenne coniunction ou oppoſition, iuſques à la pro-

chaine & moyenne quadrature sept iours,
neuf heures, & vnze minutes.

Cecy premis, il faut entendre & suppofer, *Conuenan-*
ainsi qu'on a trouué par obferuation que les *ce du mou-*
deffufdits orbes de la Lune ont telle colligã- *uement des*
ce, ou raifon, quant à leur mouuement, au *orbes du*
mouuement des orbes du Soleil, que toutes *Soleil, à*
& quantes fois qu'il eft moyenne coniunctiõ *ceux de la*
du Soleil & de la Lune, le centre de l'epicycle *Lune.*
de ladicte Lune, eft en l'auge ou eleuation de
fon deferent eccentrique.

Dont il faut que le centre de l'epicycle de
la Lune, & la ligne du moyen mouuement
du Soleil, & la ligne de l'auge, ou du poinct
de l'eleuation de l'eccentrique, foient en vn
mefme poinct felon la longitude du zodiac.
Et en tout autre temps, hors de ladicte coniunction, la ligne du moyen mouuement du
Soleil, foit entre l'auge de l'eccentrique de la
Lune, & la ligne du moyen mouuement, &
centre de l'epicycle de la Lune, autant di- *Exemple*
ftant de l'vn comme de l'autre. Comme tu *de ce qui*
peuz groffement comprendre par la figure *a efté dict*
qui s'enfuit. Suppofé que ladicte moyenne *fortpropre.*
coniunction du Soleil & de Lune, foit en la
ligne de l'auge A B, & ledictes trois lignes
enfemble, la ligne du moyen moûue-
ment du Soleil ira vers Orient iufques au

poinct C, faisant vn degré, & le centre de l'epicycle semblablement vers Orient iusques à D, faisant treze degrez, & la ligne de l'auge vers Occident iusques à E, faisant vnze degrez, & tout ce en vn mesme iour. Parquoy l'arc B C, d'vn degré, adiousté à l'arc A E, de vnze degrez, faict douze degrez. Et ledit degré B C, osté de B D, qui est treze degrez, restent pareillement douze. Ainsi fault entendre du mouuement de deux, trois, ou quatre, ou plusieurs iours.

Demonstration de la conuenance du mouuement des
orbes du Soleil & de la Lune.

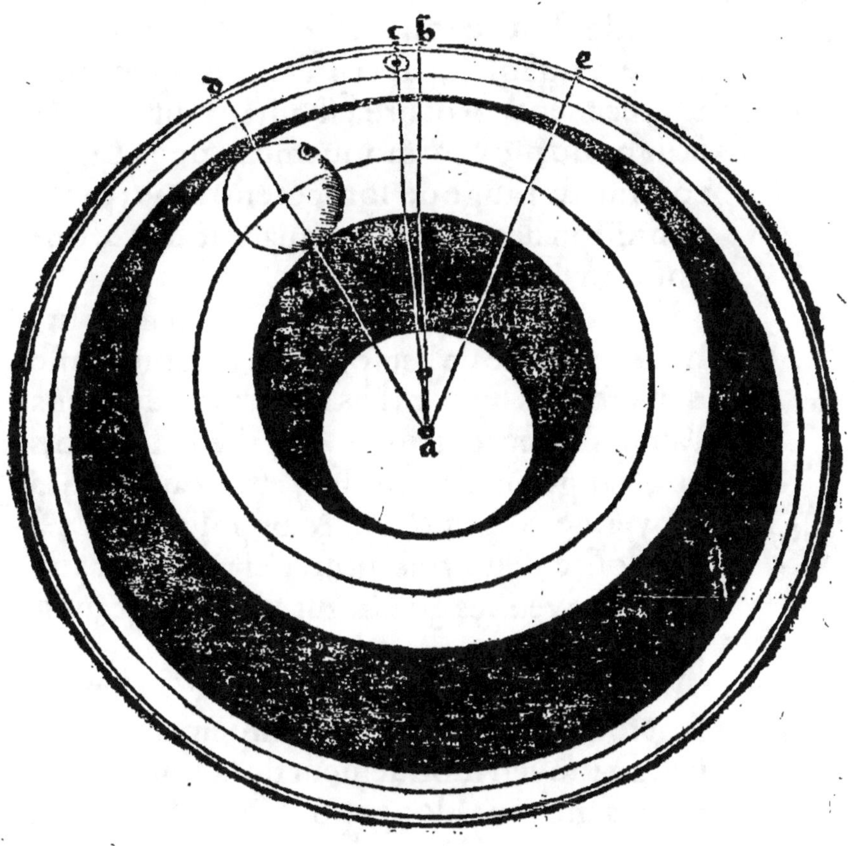

Parquoy il faut consequemment qu'en toutes les moyennes quadratures, la Lune soit en l'opposite de son auge, & en toutes les oppositions moyennes: de rechef audit auge ou eleuatiõ. Pource que la ligne du moyẽ mouuement du Soleil, par la premiere suppositiõ, & precedent corolaire, est autant distance de la ligne du moyen mouuement de la Lune, comme de l'auge de son eccentrique, par la diffinition des moyennes quadratures & oppositions.

Il est de rechef euident, qu'en vn mois lunaire, le centre de l'epicycle de la Lune passe deux fois les deux orbes difformes, deferens l'auge de l'eccentrique. Car il est deux fois audit auge ou eleuation: c'est à sçauoir en la moyenne coniunction & opposition. Et à l'opposite deux fois aussi, c'est à sçauoir aux deux moyennes quadratures qui sont audit mois Lunaire.

Pour auoir dõcques le centre de la Lune, il faut soubtraire le moyen mouuement du Soleil, du moyen mouuement de la Lune, & restera la moyẽne elongatiõ d'iceux: laquelle il faut doubler, & le nombre cõposé sera le centre de la Lune. A cause que les deux interualles (comme a esté demonstré) sont egaux. Tu peux prendre l'exemple en la figure deuant

la precedente proposee : car en ſoubtrayant
le moyen mouuement du Soleil BCF, de ce-
luy de la Lune BCD, il reſte la moyenne
elongation du Soleil & de la Lune FD, laquelle doublee compoſera le centre de laLune CD. pource que CF, eſt egal à FD.

Le mouuement de l'epicycle eſt tel, que le
centre de la Lune eſt circunduit & meu cir-
culairement, enuiron & au tour du centre
de l'epicycle, contre l'ordre des douze ſignes, quant à la partie ſuperieure dudit epicycle : & quant à l'inferieure, au contraire :
c'eſt à ſçauoir d'occident en orient : Pource que tout corps ſpherique qui eſt hors du
centre du monde (comme ſont les epicycles) a neceſſairement deux poſitions ou termes de mouuement contraires. Par la par-
tie ſuperieure de l'epicycle, il faut entendre
celle qui eſt compriſe au plus haut, par deux
lignes produictes du centre du monde, &
ioignantes ou touchantes ledit epicycle.
Comme eſt la partie BCD, de la ſuiuante figure Et par l'inferieure partie dudit epicycle, celle qui eſt la plus prochaine du centre du monde, ſeparée de la ſuperieure par
leſdictes lignes, comme DEB. La Lune
donc fait ſon mouuement enuiron F, le
centre de l'epicycle, par la partie ſuperieure

BCD, de B, par C, iufques à D, faifant au zodiac l'arc G H I, d'orient en occident. Et par
l'inferieure du poinct D, par E, de rechef au
poinct B, faifant au zodiac felon l'ordre des
fignes l'arc I H G, entens toufiours par la ligne de fonvray mouuement. Tellement que
la ligne FB, procedant du centre dudit epicycle par le centre de la Lune, au mouuement
& complete reuolution dudit epicycle, defcript vne plaine fuperfice (comme eft BCDE)
laquelle eft droictement fituée auec la fuperfice de l'eccentrique. En façon que l'inferieure partie de ladicte fuperfice de l'epicycle, eft
partie de celle de l'eccentrique. Et le diametre enuiron lequel fe fait le mouuement de
l'epicycle, croife à droictz angles ladicte fuperfice de l'eccentrique.

Plain fu-
perfice de
l'epicycle,
auec fon
diametre.

Demonstration du mouuement de l'epicycle Lunaire, & de ses parties.

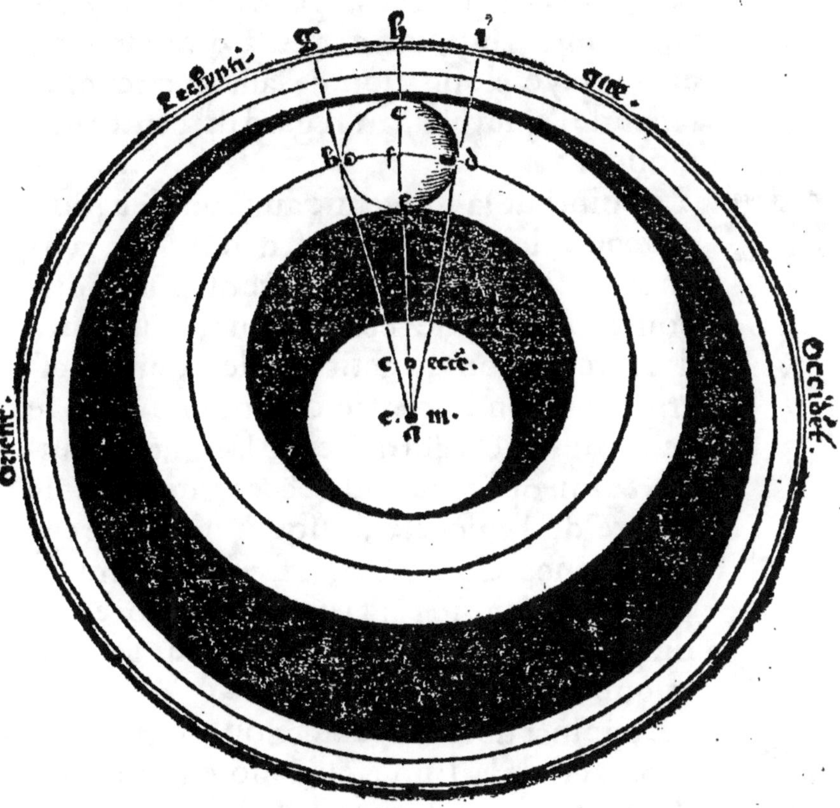

Autant que venir à la quantité,& accidens du mouuement dudit epicycle , il faut premierement noter,qu'il y a deux poincts en la circunference de la plaine superfice dudit epicycle : dont l'vn est appellé Auge moyenne,& l'autre auge vraye : c'est à dire moyenne & vraye elongation de ladicte circunference de l'epicycle , au regard du centre du monde.

Auge moienne de l'epicycle lunaire. Le poinct de la moyenne auge ou eleuation de l'epicycle de la Lune est denoté par la ligne droicte, qui est produicte du poinct opposite au centre de l'eccentrique, c'est à dire de l'intersection du petit cercle , qui est descript enuiron le centre du monde , par le centre dudit eccentrique : & la ligne de l'auge, & son opposite dudit eccentrique, par le centre de l'epicycle , iusques en ladicte circunference. Comme en la figure suiuante le poinct D, denoté par la ligne AD,procedant du poinct A , opposite au centre de l'eccentrique C.

Auge vraie dudit epicycle. Le poinct de la vraye auge,ou eleuation de l'epicycle de la Lune , est denoté par la ligne du moyen mouuement de la Lune,qui vient du centre du monde,par le centre de l'epicycle. Comme est le poinct E , denoté par la ligne BE,de ladicte figure qui s'ensuit.

La difference qui eſt entre ces deux poinɛts de la moyenne & vraye auge , ou eleuation dudit epicycle, ſelon l'ordre du mouuement de la Lune : c'eſt à dire l'arc ainſi comprins entre leſdiɛts poinɛts , eſt appellé l'equation du centre. Comme l'arc D E : pource que ladiɛte equation croiſt & deſcroiſt, ſelon l'augmentation & variation dudit centre.

Equation du centre en la Lune.

Mais il faut noter que toutes & quantesfois que le centre de l'epicycle eſt en l'auge de l'eccentrique (comme au poinɛt H) ou en ſõ oppoſite (comme au poinɛt I) lors pour la coniunɛtion & vnion deſdiɛtes lignes A D, & B E, auec la ligne de l'auge de l'eccentrique A B I, leſdiɛts poinɛts de la moyenne & vraye auge de l'epicycle ſont enſemble. Parquoy l'equation du centre eſt nulle. Mais vn peu deſſoubz les moyennes longitudes : c'eſt à ſçauoir aux poinɛtz de la circunference de l'eccentrique , qui ſont denotez par la ligne tranſuerſale paſſant par le poinɛt oppoſite au centre de l'eccentrique, equidiſtant de la ligne des moyennes longitudes , aduient la pluſgrande equation du centre qui puiſſe eſtre. Comme eſt D E , en la ſituation de l'epicycle, ſoubz la moyenne longitude F, de ladiɛte ſuiuante figure.

En quel lieu nulle equation de centre.

En quel lieu grande equation du centre lunaire.

Il s'enfuit donc que toutes & quantesfois
que le centre de l'epicycle eft en l'auge, ou
fon oppofite du deferent eccentrique, que les
poincts de la moyenne & vraye auge de l'epicycle font foubs vn mefme poinct de la concauité dudict eccentrique, ou eft l'epicycle
c'eft à fçauoir foubs le poinct K, qui eft denoté par la ligne produicte du centre de l'eccentrique, par le centre de l'epicycle : comme eft
C K. A caufe de la coniunction de ladicte ligne auec celle de la moyenne & vraye auge
de l'epicycle. Mais le centre de l'epicycle
eftant hors des poincts de ladicte auge, & fon
oppofite dudit eccentrique, en quelque lieu
que ce foit, lefdicts poincts de la moyenne &
vraye auge de l'epicycle font feparez , &
foubs autres poincts de ladicte concauité.
Tellement que ladicte moyenne & vraye auge de l'epicycle fe varient , & changent continuellement de lieu : pource que lefdictes lignes fe croifent au centre de l'epicycle : c'eft à
fçauoir les lignes de la moyenne & vraye
auge de l'epicycle , & celle que denote ledit poinct de la concauité. Et tout ainfi que
le centre du monde eft toufiours entre le
centre de l'eccentrique, & le poinct oppofite
du petit cercle , ainfi quand lefdictes auges
de l'epicycle ne font enfemble , la vraye eft

toufiours

*De la va-
riation &
diuerfité des
deux auges
de l'epicy-
cle.*

*Ordre des
auges de
l'epicycle
lunaire.*

touſiours entre la moyenne, & le poinſt ds
ladiſte concauité: ou ils ſont enſemble en
l'auge, ou oppoſite de l'eccentrique.

*Demonſtration des Auges de l'epicycle Lunaire, & de
l'equation du centre & argument.*

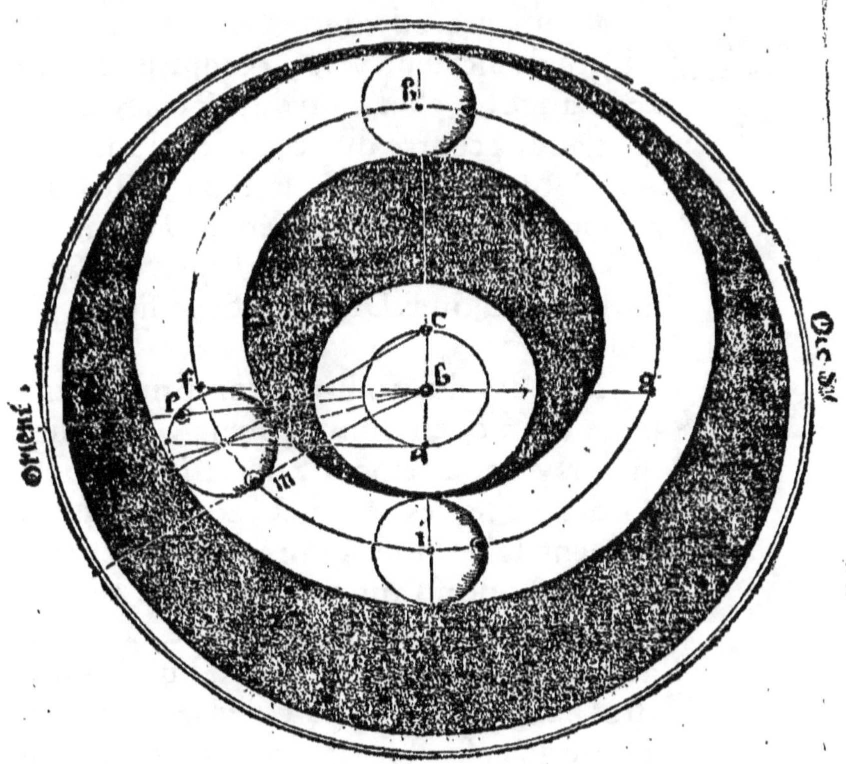

E

L'arc en apres de l'epicycle, comprins depuis la moyenne auge dudiꝰ epicycle iufques au centre de la lune felon l'ordre du
mouuement du corps de ladiꝰe Lune, eſt
appellé le moyen argument de la Lune , qui
n'eſt autre choſe que le moyen mouuement
de l'epicycle. Comme l'arc D L , ou D L M,
de la figure precedente.

L'arc dudiꝰ epicycle , comprins entre la
vraye auge ou eleuation dudiꝰ epicycle, iufques audiꝰ centre du corps de la lune, felon
auſſi l'ordre du mouuement de ladiꝰe Lune,
eſt appellé le vray argument de la Lune, &
c'eſt le vray mouuement de l'epicycle Comme l'arc E L, ou E L M, de ladiꝰe figure precedente.

Mais l'arc du zodiac , comprins entre la
ligne du moyen mouuement , & la ligne
du vray mouuement , de la Lune , felon
l'ordre des ſignes , eſt diꝰ l'equation de l'argument de la Lune. Pource qu'elle croiſt &
defcroiſt felon l'augmentation & diminu-
tion du vray argument , & ſe trouue
aux tables par ledit argument. Tu peux prendre l'exemple de l'arc D E , en la la feptiefme
figure de ceſte Theorique. Quand la Lune
eſt en la vraye auge de l'epicicle, ou en ſon
oppoſite, ou que ſoit ledit epicicle, ladiꝰe

equation de l'argument eſt nulle : pource
que les lignes du moyen & vrai mouuement
de la Lune ſont enſemble. Et la pluſgrande
que puiſſe eſtre, eſt quád le centre de l'epici
cle eſt en l'oppoſite de l'auge de l'eccétrique,
& la Lune en la ligne prouenant du centre
du monde, & touchant ledict epicicle. Car
alors les lignes du moyen & vrai mouuement de la Lune, ont la pluſgrande ouuerture qu'elles puiſſent auoir. Comme l'on
peut clairement entendre ſans autre figure
ou demonſtration.

En quel lieu eſt nul-le equation de Lune, ou bien la plus grande.

L'epicycle donc a telle reuolution, qu'il eſt
irregulier quant à ſon mouuement, enuiron
ſon propre centre & diametre. Mais ceſte irregularité a telle reformation, que le centre
& corps de la Lune fait, & s'eſlongne tous
les iours naturels du poinct de la moyenne
auge de l'epicicle treize degrez, & enuiron
quatre minutes. Dont il faut entendre, que
la circunference dudit epicicle, eſt diuiſee
en douze ſignes, ou trois cens ſoixante degrez (comme tout autre cercle, grand ou petit) commençans à la moienne auge, pour le
moien argument, ou à la vraie, pour le vrai
argument de la Lune.

Quantité du mouue-ment de l'Epicycle Lunaire.

Il s'eſuit dócques des mouuemés & propos
deſſuldicts, que la Lune eſt plus tardiue en

fon mouuement, par la partie fuperieure de l'epicycle : & plus haftiue ou veloce par l'inferieure. Pource que par la fuperieure le centre de la Lune va au contraire du centre de l'epicycle : dont le mouuement de l'vn retarde le mouuement de l'autre. Et par l'inferieure le centre de l'epicycle & le centre de la Lune vont enfemble felon l'ordre des fignes: dont le mouuement de l'vn hafte le mouuement de l'autre.

De la velocité & tardité du mouuemĕt lunaire quant à fon epicycle.

Secondement il eft neceffaire que la reuolution de l'epicycle, enuiron fon centre: foit plus veloce par la partie fuperieure de l'eccentrique, & plus tardiue par l'inferieure. Pource que par la partie fuperieure dudit eccentrique, le poinct de la moyenne auge de l'epicycle fe meut vers la mefme partie qué la Lune, & par l'inferieure au contraire. Et pource que la Lune fait tous les iours treze degrez, & enuiron quatre minutes de la moyenne auge de l'epicycle, il faut que quand la moyéne auge va vers la Lune, qu'elle foit acceleree & quand elle va au contraire que ladicte Lune foit retardée en fon propre mouuement : car le poinct de la moyenne auge fait vne partie de fondit moyen argument.

De la velocité & tardité du mouuemĕt de Lune quãt à l'eccentrique.

Pour venir doncques à la finale practique

de la theorique de la Lune , il faut auoir le
centre d'icelle, ainſi qu'a eſté dict cy deuant.
Et ſi ledit centre de la Lune eſt moindre que
ſix ſignes, qui aduient toutes & quantesfois
que le centre de l'epicycle 'eſt deſcendant de
l'auge de l'eccentrique vers ſon oppoſite,
alors la moyenne auge de l'epicycle eſt entre
la vraye auge,& la Lune. Parquoy le vray
argument de la Lune eſt pluſgrand que le
moyen. Dont il faut adiouſter l'equation
du centre au moyen argument pour auoir le
vray. Comme ſi le centre de la Lune eſt l'arc
A B, de la figure ſuiuante, la vraye auge de
l'epicycle C, & la moyenne D, & la Lune au
poinct E, il eſt euident qu'il faut adiouſter
l'equation du centre C D, trouuée par ledit
centre A B, au moyen argument D E, pour
auoir le vray argument C E.

*Methode
pour auoir
le vray ar-
gument lu-
naire.*

*Quand l'e-
quation du
centre ſe
doit adiou-
ſter, ou di-
minuer.*

Mais quand ledit centre eſt pluſgrand
que ſix ſignes , c'eſt à dire quand le centre
de l'epicycle eſt aſcendant de l'oppoſite de
l'auge vers ladicte auge de l'eccentrique,
lors la vraye auge de l'epicycle eſt entre la
moyenne, & la Lune. Parquoy le moyen
argument eſt gluſgrand que le vray. Dont
il faut ſoubtraire ladicte equation du centre du moyen argument , pour auoir le
vrai argument de la Lune. Comme ſi le cen-

tre de la Lune eſt l'arc ABF, de ladicte ſuiuante figure, la moyenne auge de l'epicicle G, &
la vraie H, & la Lune au poinct I, lors il eſt
euident qu'il faut ſoubtraire ladicte equation
du centre G H, du moien argument G H I,
pour auoir le vray argument G I, & ainſi de
tous autres ſemblables.

Theorique & demonstration du vray argument Lunaire:& de l'equation du centre, qui se doit adiouster ou diminuer.

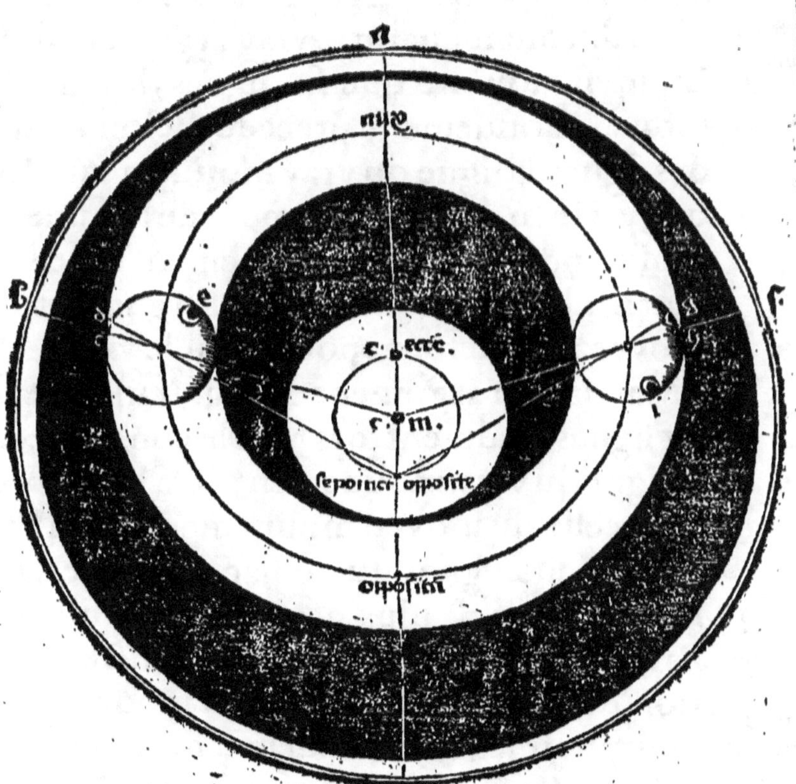

Faut entendre que le cêtre de l'epicicle eſtât
en tous les deux poinĉts equidiſtans de l'auge
ou oppoſite de l'eccentrique, les equatiós du
cêtre sót egales, dót elles ſerẽt depuis l'auge
de l'eccentrique, iuſques à ſon oppoſite, &
depuis l'oppoſite en retournât à ladiĉte auge.

Inuention du vray mouuemẽt de la Lune.

Finablement quand le vray argumẽt de la
Lune eſt moindre que ſix ſignes, la ligne du
moyen mouuement precede, ſelon l'ordre
des ſignes, la ligne du vray mouuement. Parquoy ſi le moyen mouuement de la Lune eſt
pluſgrand que le vray mouuemẽt d'icelle, il
faut ſoubtraire l'equation de l'argument du
moyen mouuement pour auoir le vray.

Mais ſi ledit argument eſt pluſgrand que de
ſix ſignes, il aduient lors tout le contraire: car
la ligne du vray mouuement de la lune, precede celle du moyen mouuement, ſelon l'ór-
dre deſdits ſignes du zodiac, dont le vray
mouuement eſt plus grand que le moyen.

Quand il faut adiou ſter ou ſou ſtraire l'e- quation de l'argument Lunaire.

Parquoy il faut lors adiouſter ladiĉte equation de l'argumẽt au moyen mouuement,
pour auoir le vray mouuemẽt de la lune. Cõ-
mé en ceſte figure ſuiuante pour auoir le vrai
mouuemẽt de la lune ABC, il faut ſoubtraire
l'equatió de l'argumẽt CD, prouenât de l'argumẽt FG, du moyen mouuement ABD ou
adiouſter audit moyen mouuemẽt ABD, l'e-

quation de l'argument D E, prouenant de
l'argument F G H, pour auoir le vray mou-
cement de la Lune A B E, & ainsi des sem-
blables.

Demonstration & Theorique des equations de l'argu-
ment de Lune dernieres: & de l'inuention du
vray lieu & mouuement d'icelle.

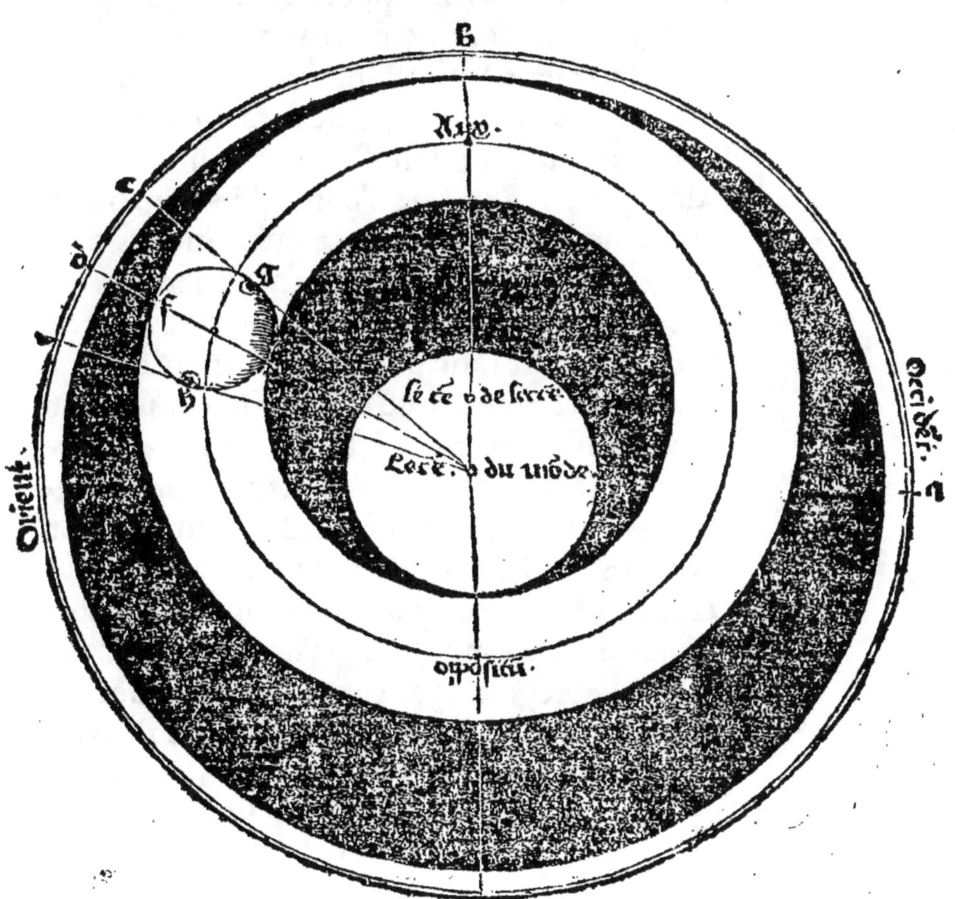

Pour plus amplement & clairement entẽdre la diuerſité, & practique deſdictes equations des argumens, il eſt à noter, que celles
qui ſont miſes aux tables, ſont calculees, ſuppoſé que le centre de l'epicycle ſoit en l'auge
ou eleuation de l'eccentrique. Mais le centre
de l'epicycle deſcendant de ladicte auge de
l'eccẽtrique vers ſon oppoſite, leſdictes equations (i'entens celles qui prouiennẽt des meſmes argumens) croiſſent continuellement
iuſques à ce, que le cẽtre de l'epicycle ſoit en
l'oppoſite de l'auge de l'eccentrique. Et ce à
cauſe que le centre de l'epicycle s'approche
continuellement du centre du monde: dont
les lignes du moyen, & vray mouuement de
la Lune ſont tant pluſgrandes ouuertures, &
comprennent tant pluſgrádes equations au

zodiac. Tellement que celles qui prouiennẽt
le centre de l'epicycle eſtãt en l'auge de l'eccentrique, ſont les moindres, & en ſon oppoſite les plus grandes que puiſſent aduenir. Et
pour ce qu'il ſeroit trop long & tedieux, de
calculer & mettre par tables toutes leſdictes
equations au long, ſelon la ſituation du centre de l'epicycle , par tous les poincts de l'eccentrique, on a tant ſeullement calculees les
equations de tous les vrays argumens, le cẽtre de l'epicicle eſtant en l'auge, & ſon oppo-

ſite de l'eccentrique: & mis es tables celles de
l'auge, qui ſont les moindres, comme nous
auons dit: & puis ſubtraict leſdictes equatiõs
qui prouiennent en l'auge, des pluſgrandes:
c'eſt à dire de celles qui prouiennent en ſon
oppoſite: & les differences on a mis par ordre au droict deſdictes equations moindres,
reſpondans à chaſcun argument dont l'equation a eſté ſoubtraicte. Et a on appellees ces
differences, diuerſitez du diametre: car (comme nous dirõs tantoſt) on prend d'icelle vne
partie proportionale, pour auoir les equatiõs
depuis l'auge de l'eccentrique iuſques à ſon
oppoſite, ſelon que le diametre de l'epicycle
eſt plus prochain du centre du mõde: & auſſi
ſelon que la ligne de la vraye auge de l'epicycle, & moyen mouuement de la Lune eſt en
diuers lieux d'icelle diametredudit epicycle,
ſelon la ſituation de l'epicycle en la circunference de l'eccentrique, depuis le poinct de
l'auge iuſques à ſon oppoſite, ou prouient la
diuerſité deſdictes equations.

   Et pour plus facilement entendre, cõment
on proportiõne leſdites equations, il faut noter que la ligne produicte du centre du monde iuſques à l'auge de l'eccentrique, eſt pluſ
grande que celle qui eſt depuis ledit cẽtre du
monde iuſques à l'oppoſite de l'auge dudict

Des minu-
tes propor-
tionales
auec exem-
ple à ce pro
pre.

eccentrique : & ce , deux fois autant qu'il y a
depuis le centre du monde iufques au centre
de l'eccentrique. Comme eft la ligne A C,
furmontant la ligne A D, de la partie E C,
double à l'eccentricyte A B, de la figure qui
s'enfuit: fuppofé que A foit le centre du mô-
de, & B le centre de l'eccentrique, C l'auge,
& D, l'oppofite dudict eccentrique. Cecy noté, il faut imaginer ladicte partie C E, par laquelle la ligne de l'auge furmôte celle de l'oppofite, eftre diuifee en foixâte parties egales,
appellees minutes proportionales , pour la
caufe que nous dirons cy apres. Dont il s'en-

Des minu-
tes propor-
tionales fe-
lon la fitua-
tion de l'e-
picycle.

fuit, que toutes & quantesfois que le centre
de l'epicycle eft en l'auge de l'eccétrique C,
que toutes ces foixante parties font dedans
circunference dudit eccentrique : & en fon
oppofite D, toutes lefdictes foixante dehors
icelle circumference. Mais entre ladicte auge
C, & fon oppofite D , vne partie d'icelles eft
dehors, & vne partie dedans : & tant plus dehors, & moins dedans, que le centre de l'epicycle eft plus prochain de l'oppofite de l'auge D. Comme demonftre l'epicycle eftant
aux poincts F, & G , de la figure icy deffoubs
produicte.

Theorique & demonstration des minutes proportionales pour le mouuement Lunaire.

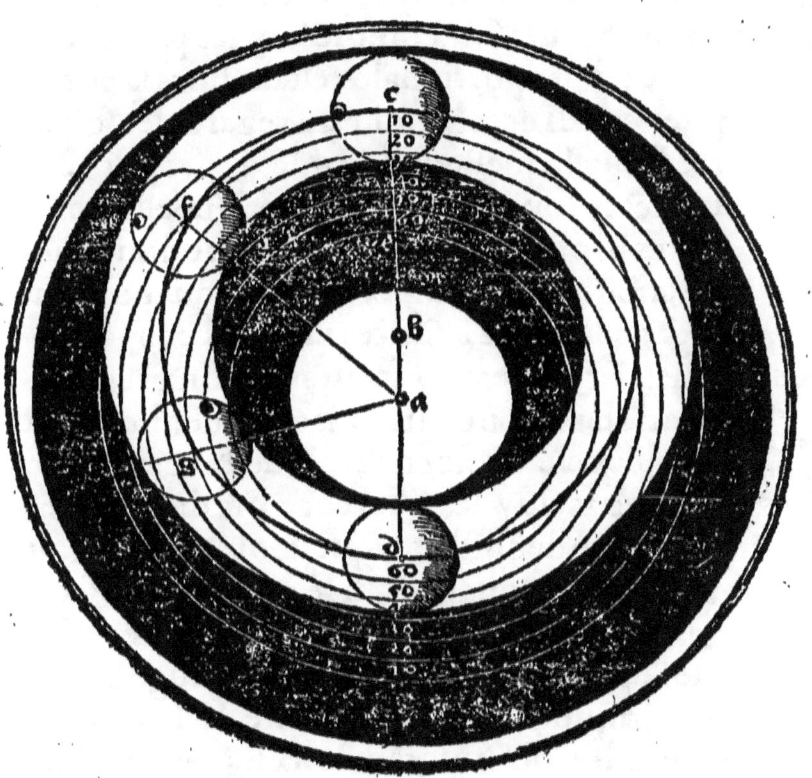

L'epicycle doncques estant hors de l'auge de l'eccentrique (c'est à dire quand l'arc appellé le centre de la Lune croist)il faut prendre vne partie des dictes diuersitez du diametre , pour les adiouster aux equations trouuees : & ce en telle proportion au regard de toute la diuersité, comme sont les parties des minutes proportionales estans hors la circūference de l'eccentrique,au regard des soixāte. Pour laquelle similitude de proportion, lesdictes soixante parties sont appellees minutes proportionales. Par le cētre doncques de la Lune on prēd aux tables l'equation dudict centre , & lesdictes minutes proportionales.Et par le vray argument, on prend l'equation respondant audit argument:comme si l'epicycle estoit en l'auge de l'eccentrique, & auec iceluy la difference ou diuersité du diametre dessusdict.laquelle on adiouste toute à ladicte equation , si le centre est de six signes iustement (qui aduient quand le centre de l'epicyle est en l'opposite de l'auge de l'eccentrique) ou si ledit centre de la Lune est moindre,ou plusgrād de six signes,on prend vne partie de ladicte difference , ou respondante diuersité du diametre,selon la proportion desdictes minutes proportionales , ainsi comme nous auons declaré cy dessus:laquel-

le partie proportionale on adiouste à l'equation trouuee, pour auoir l'equation vraye selon la situation de l'epicycle. Comme, si l'e-
quation de l'auge trouuee estoit dix degrez
& la diuersité du diametre six degrez, & les
minutes proportionales estans hors la circūference de l'eccentrique trēte, tout ainsi que
trente sont la moytié de soixante, ainsi faut
prendre la moytié de six : c'est à sçauoir trois
degrez,& les adiouster auec dix degrez,pour
auoir la vraye equation de l'argument,qui sera de treze degrez. Il faut dóc former la que-
stió par la reigle de trois,ainsi. Si soixante minutes donnent trente , combien de degrez
viendront proportionalemēt de six degrez?
en ordonnant ainsi les nóbres,soixante,tren-
te , six , & faisant comme ladicte rigle com-
mande tu seras de ce aduerti?Et par ainsi on a
la vraye equation de tous les argumēs,selon
toutes les situations de l'epicycle : laquelle
vraye equation on adiouste,ou soubtraict finablement du moyen mouuement de la Luue,pour auoir le vray,en la façon & maniere
qu'a esté cy deuant declaree.

Apres la Theorique de la Lune , & practique de son vray mouuemēt selon la longitude de l'eclyptique suffisamment declaree, &
exprimée cy dessus , il reste demonstrer &

practiquer comment il faut auoir la latitude de ladicte Lune, & côsequemment ce qui cô-cerne l'art & inuention des coniûctions, op-positions, quadratures, & eclypses, tant de la-dicte Lune, que du Soleil.

Mouuemēt du chef & queue du Dragõ lu-naire.

Dont premierement il faut noter, que les deux intersections de l'eccentrique de la Lu-ne & de l'eclyptique, que nous auõs dit estre appellees chef & queuë du Dragon, ont leur mouuement d Orient en Occident, au mou-uement du quatriesme orbe lunaire faisans tous les iours naturels outre le mouuement diurnel de vingt quatre heures, enuirõ trois minutes : & ce au long & sur le diametre de l'eclyptique. Comme a esté dit cy deuant en-uiron le cômencement de la presente Theo-rique Lunaire.

La ligne doncques du moyē & vray mou-uement de l'intersection, qui s'appelle chef du Dragon est celle qu'est produicte du cen-tre du monde, par ladicte intersection, ius-ques au zodiac. Comme represente la ligne A B C, de la suiuante figure : supposé que A

Moyē mou-uement du chef du Dragon.

soit le centre du monde, &' B *caput Draco-nis*, c'est à dire le chef du Dragon & le cercle D E F, le zodiac, ou eclyptique. Le moyen mouuement de ladicte intersection, est l'arc de l'eclyptique comprins depuis le commē-

cement

cement du figne d'Aries iufques à la ligne
deffufdicte , contre l'ordre & fucceffion des
douze fignes : Comme eft l'arc E D C, de ladicte figure : fuppofé que E , foit le chef, &
commencement dudit figne d'Aries.

Le vray mouuement de ladicte interfectiõ
dict chef du Dragõ, eft d'Aries, iufques à icel
le mefme ligne du moyen & vray mouue
ment, felon l'ordre & confequence des douze fignes: Comme reprefente l'arc E F C, de
ladicte figure qui s'enfuit. Tellement que lefdicts moyen & vray mouuements comprennent toute la circunference de l'eclyptique,
& fe terminent en vn mefme poinct, nonobftant que ce foit diuerfement.

Dont il appert , qu'il faut foubtraire le
moyen mouuement de ladicte interfection,
qui s'appelle *caput Draconis* de douze fignes,
pour auoir le vray mouuement d'icelle: Cõ
me en foubtraiant le moyen , & deffufdict
mouuement E D C, de toute la circunference C D E F, il refte le vray mouuemét E F C,
nagueres exprimé. Autant en faut entendre,
& conformement imaginer de l'autre interfection G, qui s'appelle *cvuda Draconis*, queuë
du Dragon. Ce qui eft facile à deduire de ladicte figure cy deffoubz mife, & inferee.

Outre plus , l'arc de l'eclyptique comprins

F

entre la ligne du vray mouuement de ladicte
interſection appellee chef du Dragon, & la ligne du moyen mouuement de la Lune, ſelõ
l'ordre des ſignes, eſt appellé le moyen argument de la latitude de la Lune: cóme eſt l'arc
C D, ſuppoſé que l'epicycle ſoit au poinct H:
ou l'arc C D F, l'epicycle eſtãt au poinct M, &
ainſi des autres ſemblables. Le vray argumẽt
de la latitude de la Lune eſt l'arc de l'eclyptique, comprins entre ladicte ligne du vray
mouuement du chef du Dragon & la ligne
du vray mouuement de la Lune, ſelõ l'ordre
des ſignes: comme eſt l'arc C L, la Lune eſtãt
au poinct I: ou l'arc C L O, ladicte Lune eſtãt
au poinct N, de ladicte figure cy deuant miſe:
& ainſi des autres.

Parquoy il appert, que en ſoubtrayant le
vray mouuement de la ſection appellée chef
du Dragon ou vray mouuement de la Lune,
il reſte le vray argument de la latitude d'icelle Lune: comme ſi tu ſoubtrais le vray mouuement du chef Dragonnaire E F C, du vray
mouuement de la Lune E C L, il te demonſtre le vray argumẽt de ladicte latitude de la
Lune C L, Ou ſi tu veux, adiouſte le vray
mouuement de la Lune au moyen mouue-
men de ladicte ſectió appellee *caput Draconis*,
en obſeruant la couſtume d'adiouſter en fra-

ctions aftronomiques : c'eft à dire en oftant
douze fignes quand ils y font tous entiers, &
& tu auras ledit argumenr vray de la latitude de la Lune : comme en adiouftant le vray
mouuement de la Lune E O , auec le moyen
mouuement *capitis Draconis* E L C, tu auras le
vray argument de la latitude C L O. Par lequel vray argument de la latitude de la Lune,
on trouue es tables ladicte latitude de la Lu
ne : laquelle a efté diffinee, & declaree au commencement de cefte Theorique de Lune.

F ij

La Theorique

Theorique pour le mouuement du chef & queüe
du Drag on Lunaire.

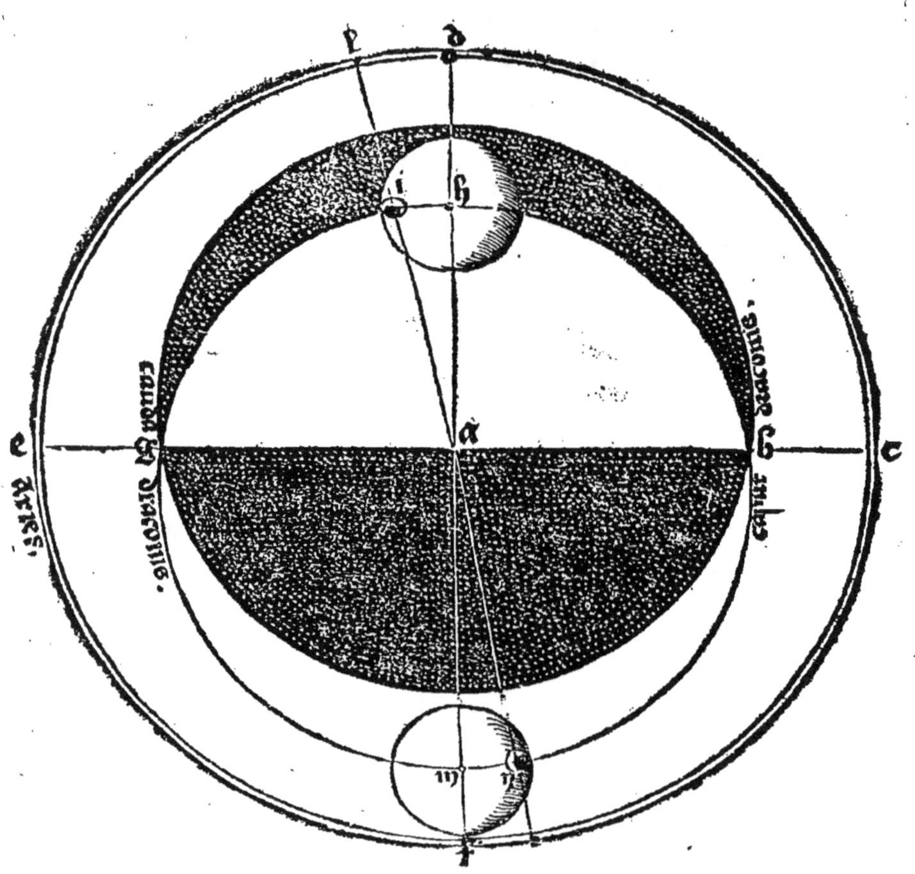

Venant à la matiere qui concerne les ecli
pses, & autres aspectz & passions du Soleil
& de Lune, il est à noter que outre ce que
nous auons dit cy deuant des quadratures,
coniunctions, & oppositions du Soleil & de
la Lune (qui seroit d'inutile repetition) il y a
vne coniunction appelle visible : c'est à dire
apparente, ou iugee selō la ligne visuale procedant de l'œil , & passant par le centre de la
lune & du Soleil iusques au firmament : ou
ladicte ligne denote le lieu apparent à nostre
œil , soit du Soleil ou de la Lune. Lequel lieu
apparent selon nostre veue , n'est autre chose
que le poinct du firmamēt denoté par ladite
ligne, procedāt de nostre œil par le centre du
Soleil ou de la Lune, iusques audit firmamēt:
car le vray lieu est tosiours denoté par la ligne du vray mouuement.

L'exemple de ladicte coniunction apparente du Soleil & de la Lune, est demonstré
par la ligne B D H N, ou B F K R. Et le
lieu apparent par le poinct N, ou R. Et la
vraye coniunction par la ligne A C H O, ou
A G K Q : & le vray lieu d'iceux par le
poinct O, ou le poinct Q, de la figure qui
s'ensuit. Supposé que A, represente le centre
du mōde, B, l'œil estant en la superfice de la
terre, C D E F G, le ciel de la Lune, H I K,

chofes fuf-
dites.

le ciel du foleil , L N P R T, le firmament, P le poinct vertical,& la ligne L A T,
l'orizon , ainfi que demonftre ladicte figure.

Deux lati-
tudes de
Lune.

Dont il enfuit , que la Lune a deux latitudes : c'eft à fçauoir la vraye latitude , dont
nous auons cy deuant parlé , & la latitude
apparente.|Tellement que par la latitude ap-
parente de la Lune , il faut entendre l'arc du
grand cercle venant des poles de l'eclyptique , & paffant par le lieu apparent de la Lune comprins entre ladicte eclyptique , & le
lieu apparent deffufdict. Ce qui eft plus ayfé
à comprendre par imagination , que par figure.

Diuerfité
d'afpect du
Soleil ou
Lune, qu'õ
nomme pa-
rallaxe.

L'arc doncques du grand cercle paffant
par le zenith ou poinct vertical & le vray lieu
du Soleil ou de la Lune, comprins entre le
vray lieu, & le lieu appparent dudit Soleil ou
de la Lune , eft appellé la diuerfité de l'afpect
ou du regard du Soleil, ou de la Lune. C'eft à
dire , la difference qui eft entre le vray lieu
d'iceux & le lieu apparent, felõ noftre afpect
ou regard. Comme font les arcs N O, ou
Q R, pour le Soleil eftant aux poincts H, ou
K. Et les arcs M O, ou Q S, pour la Lune,
ladicte Lune eftant au poinct C, ou au poinct
G, de ladite figure fuiuante. La diuerfité du

regard de la Lune cõparee à celle du Soleil,
eſt l'arc de ladiête diuerſité de la Lune, par lequel elle ſurmonte la diuerſité du regard du
Soleil, comme eſt l'arc M N , par lequel la diuerſité du regard de la Lune M O, ſurmonte
celle du Soleil N O. Ou l'arc R S , par lequel
la diuerſité du regard de laLune Q S, ſurmõ-
te pareillement celle du Soleil Q R. Car la *Pourquoy*
diuerſité du regard eſt beaucoup plus gran *plus grãde*
diuerſité
de en la Lune, qu'elle n'eſt au Soleil: pource *d'aſpeêt eſt*
que la Lune eſt plus prochaine de la terre, *en la Lune*
que le Soleil. Pour laquelle cauſe, le ſemidia *qu'au So-*
leil.
metre de la terre eſt de notable apparence au
regard du ſemediametre de l'orbe total de la
Lune : & bien peu perceptible au regard de
celuy du Soleil , dont les lignes du vray lieu
& du lieu apparent de la Lune, ſont pluſgrã-
des ouuertures & comprennent pluſgrand
arc , que celles du Soleil: comme demonſtre
ladiête figure qui s'enſuit. Item pour ladiête *Plus grãde*
cauſe, la diuerſité deſſuſdiête eſt d'autãt pluſ *diuerſité*
d'aſpeêt eſt
grãde, que le Soleil ou la Lune ſont plus pro- *aupres de*
chains de l'horizõ. Ainſi qu'il appert de la di *l'horizon,*
uerſité du Soleil Q R. qui eſt pluſgrãde que *qu'aupres*
du meridiẽ.
N O. Et de celle de la Lune Q S, pluſgrande
que n'eſt M O , à cauſe que le ſoleil au poinêt
K, & la Lune au poinêt G, ſõt plus prochains

F iiij

de l'horizon S A L , que ledit Soleil estant au poinct H , & la Lune au poinct C , ainsi des autres.

Il est donc euident des choses dessusdictes, que la moyenne coniunction du Soleil & de la Lune, aduient aucunesfois deuãt la vraye, & aucunesfois la vraye deuant la moyenne: pour ce que les lignes du moyen mouuemét tant du Soleil que de la Lune precedent aucunesfois celles du vray, & aucunesfois celles du vray precedent celles de leurdict moyẽ mouuement , selon l'ordre & consequence des signes, comme a esté dit cy dessus, en leur Theorique. Item la vraye coniunction dudit Soleil & de la Lune, est aucunesfois deuãt la cõiunction apparente. Et aucunesfois l'apparente deuant la vraye, & plusieurs fois toutes deux ensemble. Car si la vraye coniunction aduient entre l'ascendant vers Orient, & le poinct de Midy, la coniunction aparête precede la vraye: comme il appert par al figure precedente, du Soleil estant au point K , & la Lune estant au poinct F', puis venant au poinct G. Et si ladicte vraye coniunction aduient entre ledit poinct meridional, & l'Occident, la vraye coniunction precede la coniunction apparente, ainsi qu'il appert par ladicte figure du Soleil estant au

Les moyen nes cõmon ētiõs quelquefois preceder les vrayes: & au cõtraire: comme aussi ensuiure.

poinct H , & la Lune au poinct C , venant
au poinct D. Finablement , si ladicte vraie
coniunction aduient sur ledit point meridional distant par nonante degrez du
poinct ascendant,& occident de l'ecliptique,
alorsla coniunction apparente coincide auec
la vraye : comme demonstre la Lune estant
au poinct E , & le Soleil au poinct I , de la figure suiuante.

Figure des eclipses & aspects de Soleil & Lune : comme aussi
des diuersitez d'aspects d'iceux.

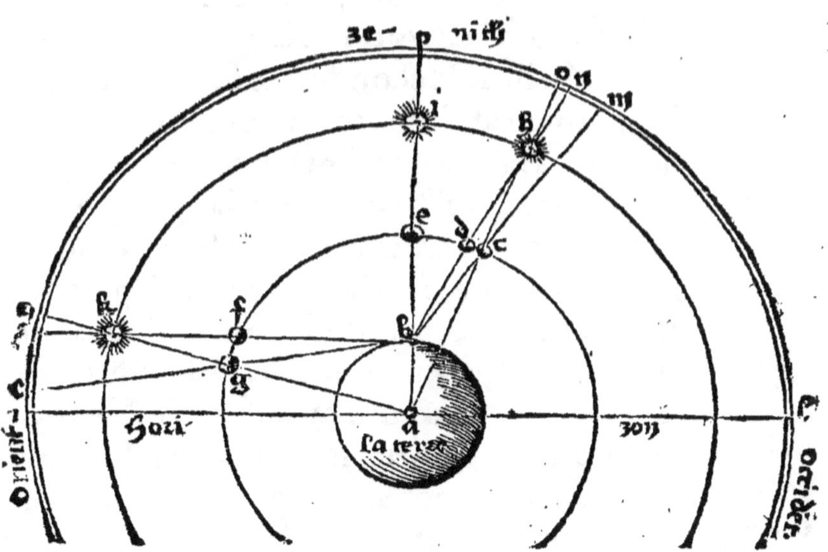

Item il eſt à noter, que la Lune apres ſa vraye
coniunction auec le Soleil nous appert aucunefois plus toſt, aucunefois plus tard : &
ce par trois cauſes principales. La premiere
eſt la declination du zodiac, & obliquité de
l'orizon : car ſi ladicte coniunction aduient
en la moytié de l'eclyptique, depuis le commencement du Capricorne, iuſques à la fin
de Gemeau, on voit pluſtoſt la Lune aux cli-
mats Septentrionaux, que ſi elle eſtoit en l'autre moitié, à cauſe qu'il y a plus de ladicte Lune iuſques à l'orizon, ſelon le cercle de ſa reuolution deſcrit au mouuement diurnel,
qu'il n'y a de l'eclyptique entre ladicte Lune
& le Soleil. La ſeconde cauſe eſt la latitude
de la Lune : car ſi apres ladicte coniunctió elle
vient vers la latitude ſeptétrionale, on la voit
plus toſt que ſi elle tiroit vers la meridionale.
La tierce cauſe eſt la velocité du mouuemét
de ladicte Lune : car elle en apparoiſt plus toſt
que ſi elle eſtoit tardiue en ſondict mouuement. S'il aduient doncques que toutes ces
trois cauſes ſe treuuent enſemble, lors on
verra en vn meſme iour naturel la vieille
& nouuelle Lune. Si deux, on verra la Lune au ſecond iour apres la coniunction. Si
vne tant ſeulement, on ne verra la Lune
que iuſques au tiers iour. Ou s'il aduient le

contraire de toutes ce trois caufes deffufdi-
&tes,on ne verra ladi&te Lune que iufques au
quatriefme iour apres ladi&te coniun&tion.

Finablement quant aux eclipfes du Soleil,
& de la Lune, il fault noter que les minutes
de l'ecliptique que la Lune paffe,en furmon- *Minutes*
tant le mouuement du Soleil,depuis le com *d'incidence*
mencement de l'eclipfe de ladi&te Lune, iuf *en eclypfe*
ques au milieu , fi l'eclipfe eft particuliere *dé Lune,*
ou vniuerfelle fans duration , ou depuis *& dé de-*
meure, ou
le commencement de la totale obfcura- *demie re-*
tion ,iufques au milieu, fi ladi&te eclipfe eft *tardation.*
vniuerfelle auec duration , font appellées
minutes d'incidence en l'eclipfe lunaire. Et
les minutes de ladi&te eclyptique , qu'icelle
Lune paffe en furmontant le Soleil , depuis
le commencement de la totale obfcuration
dé la Lune, iufques au milieu d'icelle, font
appellées minutes de rétardation en ladi-
&te eclipfe Lunaire. Mais en l'eclipfe du Soleil , les minutes que la Lune fai&t en furmontant le Soleil , depuis le commencement de l'eclipfe du Soleil,iufques au milieu,
font di&tes auffi minutes d'incidéce referées
à l'eclipfe du Soleil. Dont il appert que fi on
diuife lefdi&tes minutes,par celles que la Lune fait en vne heure,en furmontant le Soleil,
lon aura le téps de la moitié defdi&tes eclipfes

particulieres ou vniuerselles : lequel temps doublé, rend la totale duration, depuis le commencement iusques à la fin.

Secondement il faut noter, que le diametre visual, c'est à dire iuge selon l'apparence de nostre veuë, tant du Soleil que de la *Lune*, est imaginé estre diuisé en douze parties ega-les, appellées Doigts ecliptiques. Et faut consequemment entendre que le diametre visual du Soleil, estant en l'auge de son eccentrique, comprend au firmament en maniere de chorde trente & vne minutes. Et ledit Soleil estant en l'opposite de l'auge de sondit eccentrique, trente quatre. Toutesfois le mouuement du Soleil en vne heure, quant à son diametre visual, a telle proportion, que cinq à soixante six: c'est à dire que le So-leil fait en vne heure cinq parties, de cin-quante six parties de son diametre visual, supposé qu'il soit ainsi diuisé. Mais le dia-metre visual de la *Lune* estant en l'auge de son eccentrique & epicycle, comprend en maniere de chorde vingt neuf minutes. Et ladicte *Lune* estant audit auge de l'eccen-trique, & en l'opposite de l'auge de l'epicy-cle, trente six. En façon toutesfois, que telle proportion qui est de quarante huit à quarante sept, telle a le mouuement de la *Lu-*

ne en vne heure, à son diametre visual: c'est à
dire de quarante sept parties de sondit diametre visual, la Lune en fait ou passe quaran
te huit en vne heure. Dont il s'ensuit qu'il
est possible que le Soleil eclipse vniuersellement par toute la terre. Ce que toutesfois
n'a peu aduenir pour la diuersité du regard,
ou parallaxe.

Quant au diametre de l'vmbre de la terre,
ou passe la Lune durant son eclipse, il faut no
ter que ledit diametre, le Soleil estant en l'au
ge de son eccentrique, a telle proportion au
diametre visual de la Luue, que des dixsept
parties du diametre de l'vmbre, le diametre
visual de la Lune en comprend cinq. Mais le
Soleil estant hors ladicte auge de l'eccentrique, le diametre de l'vmbre est moindre que
le diametre de ladicte vmbre (le Soleil estant
en l'auge) de la difference du mouuement du
Soleil estant en ladicte auge, & de son mouuement luy estant ailleurs, prinse dix fois.
Prenons par l'exemple que le Soleil estant en
l'auge de son eccentrique, face cinquāte sept
minutes, & en l'opposite soixante & vn il
faut oster cinquante sept de soixante & vn,
reste quatre minutes de difference, lesquelles conuient multiplier par dix, sont quarante. Le diametre doncques de ladicte

vmbre contient douze parties, & vingt minutes: c'eſt à dire treze parties moins quarante minutes, le Soleil eſtāt en l'oppoſite de l'auge dudit eccentrique. Et ainſi faut entendre
ou que ſoit le Soleil en ſon eccentrique,
pourueu que lon ſaiche ſon vray mouuement. Et ce ſuffiſe quant à ceſte matiere pour
le preſent. Reſte conſequemment deſcrire la
Theorique de Saturne, Iupiter & Mars : &
puis des autres par ordre, le plus clairement
que faire ſe pourra.

Theorique des trois planetes ſuperieurs, ſçauoir
eſt de Saturne, Iupiter & Mars.

Briefue de-
ſcriptiŏ des
trois orbes
des Plane-
tes ſupe-
rieurs.

Es trois planetes ſuperieurs,
c'eſt à ſçauoir Saturne, Iupiter, & Mars, ont chacun trois
orbes ainſi figurez, comme les
trois du Soleil, c'eſt à ſçauoir
deux extremes difformes, & le moyen vniforme totalement eccentrique, dedans l'eſpoiſſeur duquel eſt la petite ſphere appellée l'epicycle, auquel eſt le vray corps de chacun deſdicts planetes, en la façon & maniere
qu'il a eſté dict de la Lune, & comme ceſte
prochaine figure demonſtre.

Theorique demonstrant les orbes & centres des trois
superieurs planetes.

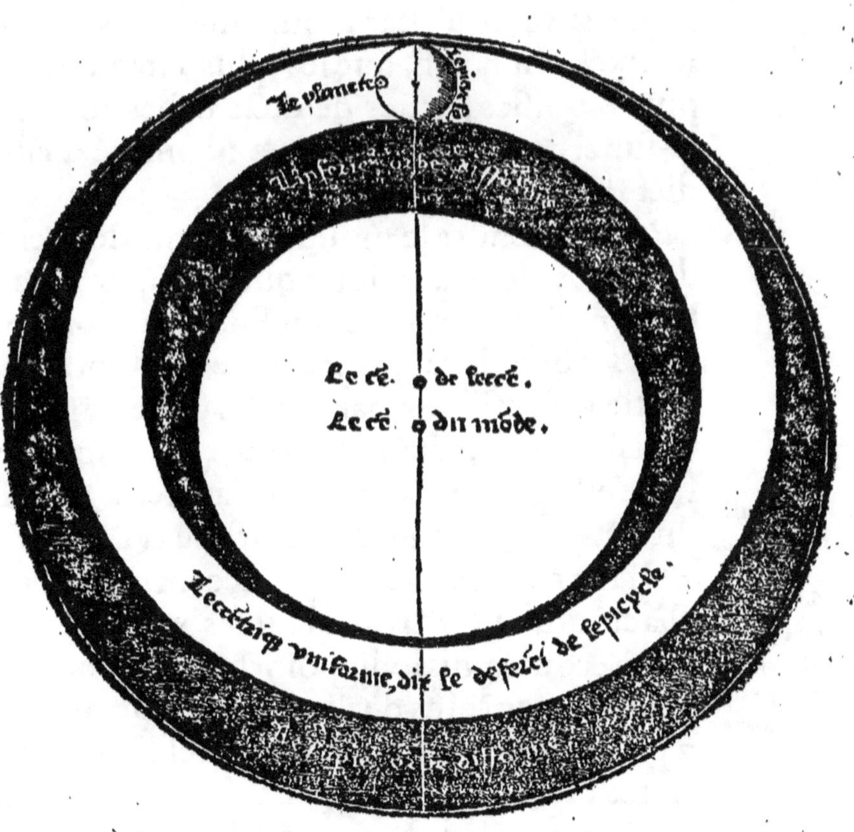

Mouuemēs des deux deferens les auges des Planetes.

Les deux orbes difformes, appellez les deux deferens de l'auge, pour les causes dessusdictes, ont leur mouuement d'occident en orient, enuiron le centre du monde sur l'axe, & poles de l'eclyptique, de telle velocité & proportion, qu'est le mouuement des estoilles fixes : en façon que les plus estroictes & plus espoisses parties desdicts orbes sont en la superfice de l'eclyptique : comme a esté dict de ceux du Soleil.

Pour entendre le mouuement du deferent de l'epicycle, il faut noter que la superfice de l'eccentrique de chacun desdicts trois planetes, decline de la superfice de l'eclyptique, partie vers midy, & partie vers septentriō inuariablement, faisant deux intersections, dōt l'vne est appellee le chef, & l'autre la queuë du Dragon, comme a esté dict de la Lune. Et

Declinatiō du deferent des trois superieurs de l'ecly- ptique, & du lieu de leur auge.

est la partie de l'auge de l'eccentrique d'vn chacun desdicts trois planetes vers septentrion : toutesfois ledit poinct de l'auge, n'est pas celuy qui plus decline de l'eclyptique, on a plusgrande latitude en tous cesdicts planenetes : mais en Mars tant seulement : car en Saturne ledict poinct est deuant l'auge de l'eccentrique distant par cinquante degrez, contre la succession & ordre des signes. Et en Iupiter apres l'auge dudit eccentrique

trique, diſtant de vingt degrez ſelon l'ordre
deſdicts ſignes: Comme poſé l'exemple qu'en
ceſte figure ſuiuante, A B C D ſoit la ſuperfice de l'ecliptique, & A E C F celle de l'eccentrique, duquel la partie ſeptentrionale
ſoit A E C, & la meridionale C F A : imagine donc que l'auge de Saturne eſt au poinct
G, & de Iupiter au poinct H, & de Mars
au poinct E, & de leurs oppoſites, iuge conformement.

G

La Theorique

Figure du deuoyement de l'eccentrique & auges des trois
superieurs planetes.

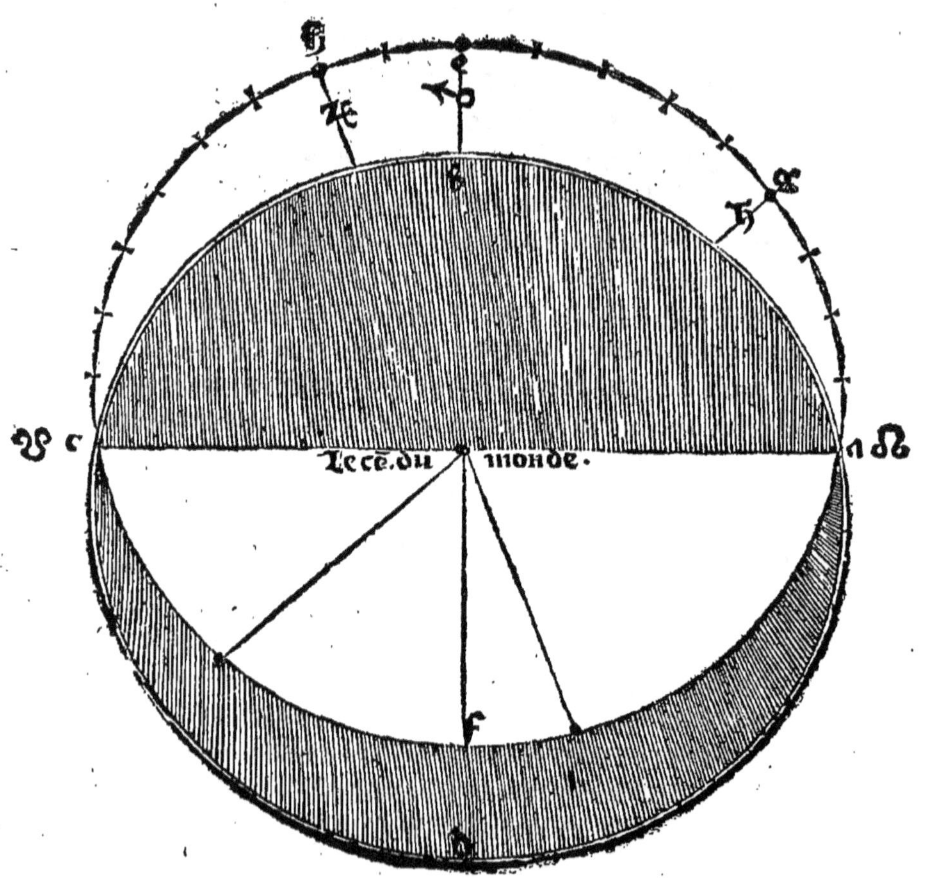

Le ce. du monde.

De cela enfuit premierement , que l'axe diametral de l'eccentrique interfeque celuy de l'ecliptique vers la partie de Septentrion, à caufe de la deffufdicte declination de l'eccentrique , au regard de l'ecliptique.

Secondement que les auges d'vn chacun defdicts planetes fuperieurs ne viennent iamais à l'ecliptique : mais demeurent lefdicts poincts des auges toufiours vers feptentrion , & leurs oppofites vers midy : quoy que lefdicts poincts foyent circunduicts au mouuement des deux orbes difformes. Et ce à caufe de l'interfection de la fuperfice de l'eccentrique , auec celle qui paffe par les plus eftoictes & plus larges parties defdicts orbes difformes, de forte que la plus grande partie de l'eccentrique où eft le centre & auge dudit eccentrique demeure toufiours vers ledit Septentrion , & la moindre ou eft l'oppofite vers midy : comme fi les poles de l'eccentrique au tour de ceux de l'ecliptique , & lefdicts poincts des auges & de leurs oppofites , auec le centre dudit eccentrique defcriuoyent certaines circunferences paralleles & equidiftantes de tout cofté à la plaine fuperfice de l'ecliptique : comme lon peut voir par cefte figure fuiuante, en laquelle CE, reprefente l'ecliptique, D & B fes

Des auges, centres & poles de l'eccentrique.

Declaratiõ de la figure fuiuante.

G ij

poles, & son axe B A D, A le centre du monde, F celuy de l'eccentrique, H K la superfice
dudit eccentrique, & I F G l'axe, & I & G
les poles dudit eccentrique, & le poinct L,
l'intersection dessusdicte.

Figure des auges, centres & poles de l'eccentrique.

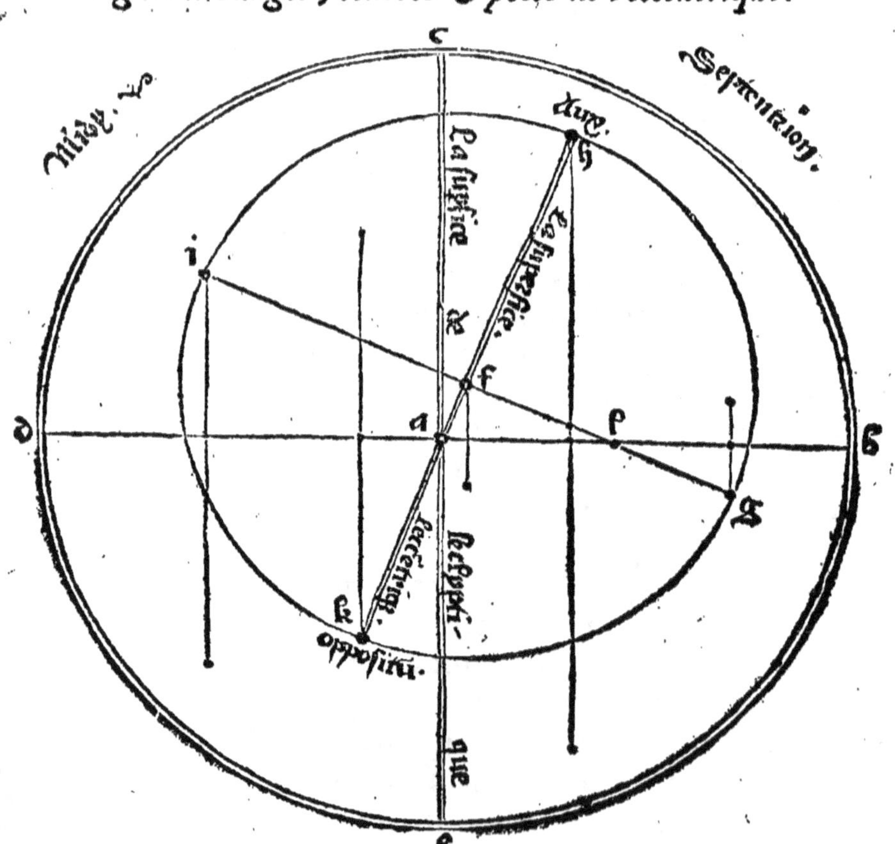

Le deferent donc de l'epicycle a ſon particulier mouuement d'occident en orient, ſelon l'ordre des ſignes, ſur ſon axe & poles:
ainſi inegalement diſtans de l'axe & poles de
l'ecliptique & des deux orbes difformes,
comme a eſté dict cy deſſus. Et faut noter
que le mouuement dudit eccentrique, deferent de l'epicycle, eſt irregulier ſur ſon propre centre, comme celuy de la Lune, & ſur
le centre du monde, comme celuy du Soleil. Parquoy faut imaginer en la ligne de
l'auge, ſur le centre dudit deferent vn poinct,
autant diſtant du centre du deferent, comme ledit centre du deferent eſt loing du centre du monde: Et enuiron ledit poinct conuient imaginer vn cercle, egal totalement &
en vne meſme ſuperfice auec le cercle de l'eccentrique: lequel eſt deſcript par la complete circunduction de la ligne droicte qui eſt
produicte du centre du deferent, iuſques au
centre de l'epicycle. La ligne doncques qui
eſt produicte dudit poinct ainſi imaginé,
iuſques au centre de l'epicycle, aura regulier mouuement, faiſant ou deſcriuant en
temps egaux ſemblables arcs de la circunference dudit cercle, ainſi imaginé enuiron ledit poinct: lequel poinct pour ceſte cauſe eſt
appellé le centre de l'equant: & ledit cercle,

Mouuemēt du deferent de l'picy-cle, & du centre de la regularité de ſõ mou-uement.

Centre & cercle de l'equāt des trois ſupe-rieurs.

G iij

l'Equant: c'eſt à dire le centre, & cercle du mouuement egal des trois planetes deſſuſdicts. Et faut entendre en chacun d'iceux le poinct dict aux, & ſon oppoſite, comme a eſté dict de l'eccentrique du Soleil ou de la Lune. Mais les moyennes longitudes ſont denotées par la ligne qui paſſe par le centre du deferent, à droicts angles auec celle de l'auge dicte la plus longe longitude. Et tout cecy appert clairement par la figure ſuiuante: en laquelle A repreſente le centre du monde, B celuy du deferent, & C le centre dudit equant, D E F G le cercle eccentrique, & D H F I, le cercle dict equant. Et la ligne DBF, celle qui denote les moyennes longitudes D & F: tellement que E eſt l'auge de l'eccentrique, & H de l'equant, & G & I, leurs oppoſites.

Moyennes longitudes.

Theorique de l'eccentrique tant du deferent que de l'equant:
comme auſſi des moyennes longitudes.

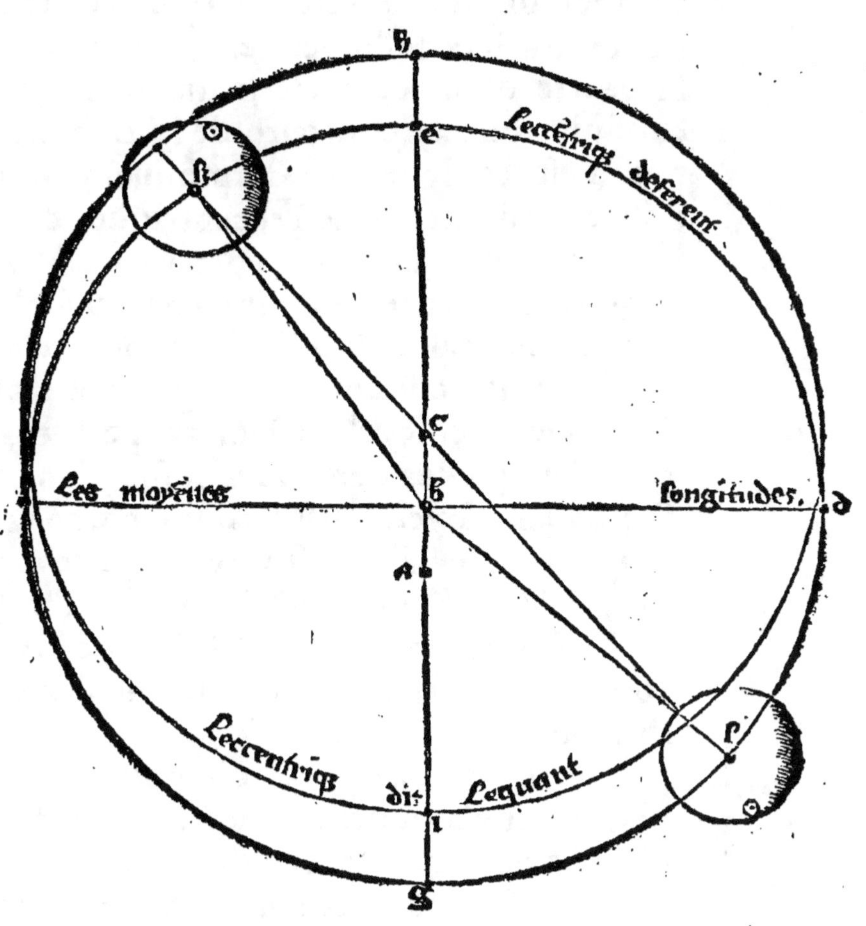

De la velo-
cité et tar-
dité du
mouuemēt
du centre
de l'epicy
ele en son
deferent.

Il s'enfuit doncques, que d'autant que l'e-
picycle est plus prochain de l'auge de son deferent en tous ces planetes, le centre dudit
epicycle, est plus tardif en son mouuement.
Et tant plus prochain est ledit epicycle à l'opposite de l'auge dudit deferent, tant plus est
le centre dudit epicycle hastiuement circunduit, tout au contraire de la Lune. La
raison est, car le centre du mouuement regulier est sur celuy de l'eccentrique, & en
la Lune le contraire. Et ce correlaire est euident par la precedente figure: en laquelle l'e-
picycle estant au poinct K, fait moindre arc
du deferent, comme E K, que n'est l'arc
G L, ledict epicycle estant au poinct L:
combien que les deux arcs respondans en
son equant soyent egaux: pource que vers
l'auge, l'angle E B K, est moindre que n'est
l'angle K C H : & vers l'opposite l'angle
I B L est plus grand que n'est l'angle L C I,
comme il appert par geometrique demonstration.

Mouuemēt
de l'picycle
des trois
superieurs
planetes.

L'epicycle de chacũ des trois superieurs planetes a deux mouuemēs. Le premier & principal est, par lequel le cētre du corps desdictes
planetes est circũduict enuiron le cētre dudit
epicycle, selõ l'ordre des signes, quāt à la partie superieure: & au contraire desdicts signes

au regard de l'inferieure partie dudict epicy-
cle:tout au contraire de la Lune. Comme depuis M, par le poinct N, au poinct O, tournât
de rechef au poinct M, de la suiuante figure:
En laquelle A, represente le centre du monde, B, le centre de l'eccentrique deferent, &
C, le centre de l'eccentrique dit equant. Item
D E F G, represente l'eclyptique, & I K L, ledit deferent.

Mais pour mieux entendre la qualité du
mouuemêt dudict epicycle, & les choses qui
s'ensuiuent pour la practique finale de tout,
il est expedient declarer les termes necessai-
res, auâtque passer plus outre. Parquoy il faut
premierement noter, que le poinct de la circunference de l'epicycle, qui est determiné
par la ligne droicte, procedant du centre de
l'equant par le centre de l'epicycle, est appellee la moyenne auge dudit epicycle: Comme
est le poinct N, de la suiuante & prochaine
figure. Mais le poinct de la circunferêce dessusdicte lequel est denoté par la ligne produicte du centre du monde, par le centre de
l'epicycle dessusdict, est dit le poinct de la
vraye auge dudit epicycle: côme est le poinct
M, de ladite figure qui cy apres s'ensuit. La distance qui est entre ces deux points de la moyenne & vraye auge de l'epicycle, est dicte l'e-

quation du centre audit epicycle: cõme l'arc
M N, de la deſſuſdite figure. Laquelle eſt nulle toutes & quantesfois que le centre de l'epicycle eſt au poinct de l'auge, ou ſon oppoſite
de l'eccentrique, deferent dudit epicycle: cõme l'on peut voir en ladicte figure que s'enſuit, l'epicycle eſtãt au poinct I, ou au poinct
L. Et la pluſgrande equation du centre en l'e-
picycle qui peuſt aduenir, eſt enuiron les moyennes longitudes cy deuant declarees: Cõme au poinct K, de ladite figure. La raiſon eſt:
car en l'auge, ou oppoſite de l'eccētrique deferent, les lignes deſſuſdictes ſe ioignent en
vne, & aux moyennes longitudes ſont en la
pluſgrande diſtance qu'elles puiſſent auoir,
comme il eſt euident par la figure ſuiuante.

Secondement il faut noſter, que l'arc de l'e-
clyptique depuis le commencemēt d'Aries,
ſelon l'ordre des ſignes iuſques à la ligne de
l'auge: ou plus longue longitude du deferēt,
eſt appellé l'auge en ſa ſeconde acception, ou
proprement le mouuement de l'auge deſdictes planetes. Ainſi que demonſtre l'arc D E,
de la figure qui s'enſuit, ſuppoſé que D, ſoit
le cõmencement du ſigne dit Aries. Là ligne
droicte qui procede du centre du mõde, iuſques à l'eclyptique ou zodiac, equidiſtant à
celle qui eſt produite du centre de l'equāt au

centre de l'epicycle, est dicte la ligne du moyē
mouuemēt, tāt du planette que de l'epicycle:
comme est la ligne A H, de ladicte figure, qui
s'enfuit cy apres. L'arc de l'eclyptique depuis
le commencent d'Aries iufques à ladicte li
gne du moyen mouuemēt, felon l'ordre des
fignes, est appellé le moyen mouuement, tāt
du planete de l'epicycle : comme reprefente
l'arc D E H, de la prefente & fouuēt alleguee
figure qui maintenant s'enfuit.

Theorique & demonstration oculaire des choses pre-cedentes & subsequentes.

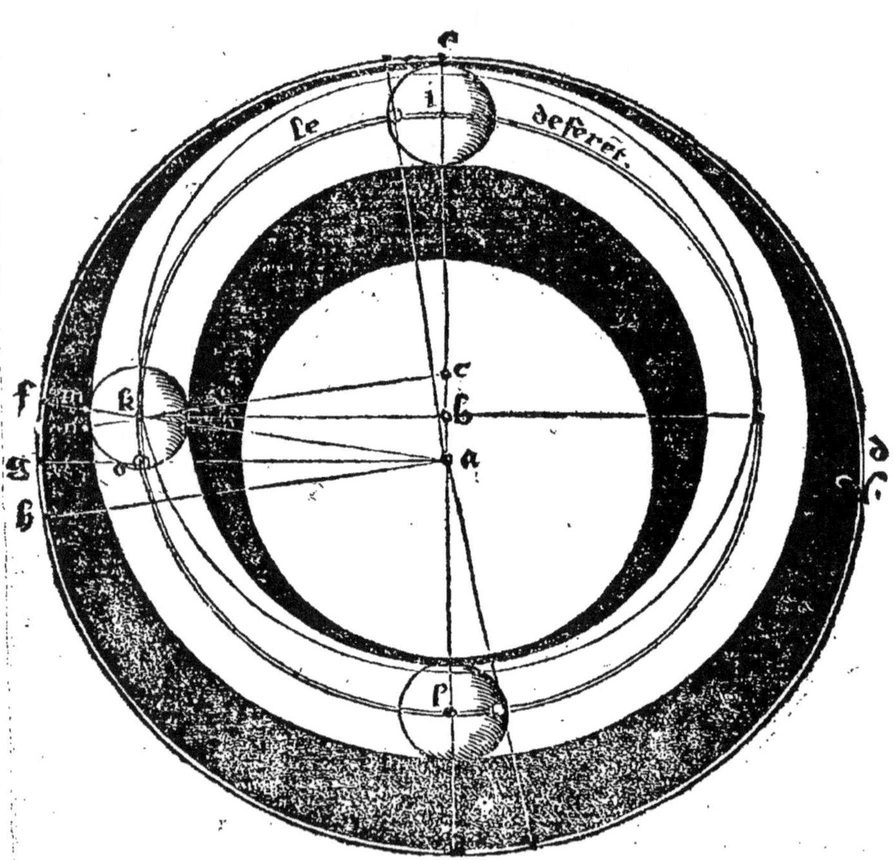

Tiercement faut noter , que la ligne droi-
ɑte procedant du centre du monde, iufques
au firmamēt par le centre de l'epicycle, eſt di-
ɑte la ligne du vray mouuement de l'epicycle. comme demonſtre la ligne A F. Dōt l'arc
de l'eclyptique comprins entre le commencemēt du ſigne dict Aries, iuſques à ladicteli-
gne du vray mouuement de l'epicycle , eſt
nommé le vray mouuement dudit epicycle:
ainſi que repreſente l'arc D E F, de ladicte
precedente figure, & tous autres ſemblables.
L'arc conſequemment de ladicte eclyptique,
comprins depuis la ligne & poinct de l'auge
deferent iuſques à la ligne du moyē mouuemēt de l'epicycle, eſt appellé le Centre moyē
deſdicts planetes: comme eſt l'arc E F H, de
ladicte figure cy deuant miſe, & tous ſemblables. Mais le vray centre deſdicts planetes,
eſt depuis ladicte ligne & poinct de l'augé du
deferent, iuſques à la ligne du vray mouuement de l'epicycle touſiours ſelon l'ordre
des ſignes comme repreſente l'arc E F, de la
figure deſſuſdicte. La difference du moyen
au vray centre, c'eſt à dire l'arc de l'eclyptique comprins entre la ligne du moyen & du
vray mouuement de l'epicycle, eſt dit l'equation du centre au zodiac : ainſi que demonſtre l'arc F H , precedent. Laquelle equa-

tion eſt nulle, toutes & quantesfois que le cētre de l'epicycle eſt en l'auge ou oppoſite du
deferent : comme au poinct I, ou L. Mais la
pluſgrande que puiſt aduenir, eſt quand ledit
cētre de l'epicycle eſt en la moyēne longitude dextre ou ſeneſtre : comme a eſté dit de l'e-
quation du cētre en l'epicycle, cy deſſus. Car
il a telle proportion touſiours de l'equation
du centre en l'epicycle, au regard de tout l'e-
picycle , comme de l'equation du centre au
zodiac , au regard de tout le zodiac : pource
que l'ãgle qui eſt cauſé des lignes de la moyē-
ne & vraye auge de l'epicycle , au centre dudict epicycle (omme l'angle M K N) eſt egal
à l'angle qui font les lignes du moyē & vray
mouuemēt de l'epicycle, au centre du mōde
(comme l'angle F A H) dont prouiennent
leſdicts arcs des equations du centre , ainſi
proportionez : comme il ſe voit en la figure
precedente.

La ligne conſequemment du vray mouuemēt, ou du vray lieu de planete, eſt touſiours
produicte du centre du monde , par le centre du corps dudict planete, iuſques au zodiac : cōme la ligne A O G, de la deſſuſdicte
figure. Dont l'arc zodiac ou eclyptique, depuis le commencement d'Aries , iuſques à
ladicte ligne du vray mouuement , eſt ap-

pellé generalement le vray mouuement du
planete : ainſi que repreſente l'arc D E G,
de ladicte figure. L'arc du zodiac comprins
entre la ligne du vray mouuement de l'epicycle , & la ligne du vray mouuement du
planete , eſt dit l'equation de l'argument:
comme eſt en la figure premiſe l'arc F G, *Argument*
& ſemblables. L'argument eſt double, c'eſt *moyen &*
à ſçauoir moyen & vray. Le moyen argu- *vray du*
ment eſt l'arc de l'epicycle , ſelon l'ordre & *planete.*
ſucceſſion du mouuement du planete audict
epicycle,comprins depuis la moyenne auge,
iuſques au corps & centre du planete : comme l'arc N O, de la figure premiſe. Le vray
argument eſt l'arc dudit epicycle , comprins
depuis la vraye auge dudit epicycle , iuſques
au centre du corps dudit planete : ſelon ladicte ſucceſſion de ſondit mouuemẽt:ainſi que
denote l'arc M N O , de ladicte figure prece- *En quels*
dente. Dont il s'enſuit que ſelon l'augmen- *lieux ſont*
tation du vray argument ladicte equation *les equa-*
croiſt,& decroiſt,&en tient le nom.Parquoy *tiõs de l'ar-*
le cẽtre du corps du planete eſtất en la vraye *gument*
auge de ſon epicycle , ou en ſon oppoſite, *grandes ou*
eſt nulle,comme a eſté dit de la Lune,à cauſe *nulles.*
que le vray argument eſt nul. Et la pluſgrande que puiſſe aduenir,& quand le cẽtre de l'e-
picycle eſt en l'oppoſite de l'auge deſon defe-

rent:& auec le centre du corps du planete en
la ligne qui eſt produicte du centre du monde,ioignant& touchant la circunference dudit epicycle.Côme l'on peut facilement imaginer , à cauſe que les lignes du vray mouuement de l'epicycle , & du planete , ont leur
pluſgrande ouuerture , pour la vicinité du
centre de l'epicycle au centre du monde:dôt
leſdictes lignes comprennent pluſgrand arc
au zodiac, qu'en quelconque autre lieu , ou
diſpoſition de l'epicycle.

*De la regu
larité & ir-
regularité
du mouue-
ment de l'e-
picycle des
trois ſupe-
rieurs pla-
netes:com-
me auſſi de
ſa velocité
& tardité.*

Ces choſes premiſes,pour reuenir à noſtre
propos , il faut entendre que le premier &
principal mouuement de l'epicycle, eſt irregulier au regard du poinct de la vraye auge
dudit epicycle:& regulier quant au poinct de
ſa moyenne auge , tout ainſi qu'il a eſté dit de
la Lune:tellement que le centre du corps du
planete s'elongne regulierement de ladicte moyenne auge : en temps egaux deſcriuant ſemblables arcs, ſelon la ſucceſſion deſſuſdicte. Dont il enſuit que la reuolution de
l'epicycle eſt plus veloce par la moytié ſuperieure du deferent,vers ſon auge, & plus tardiue par l'inferieure partie vers l'oppoſite de
l'auge: Pource que la moyenne auge enſuit
le mouuement du corps du planete par ladicte ſuperieure partie, & par l'inferieure va au
contraire:

contraire:comme aduient à la Lune.

En apres il faut presupposer & entendre,
que le centre du corps de chascū desdicts planetes, est au poinct de la moyéne auge de l'e-
picycle,toutes & quantesfois qu'il est moyéne coniunction dudit planete auec le Soleil:
c'est à dire quand les lignes de leurs moyens
mouuemens sont conioinctes en vn mesme
poinct de l'eclyptique. Et demeure ledit planete autant de temps à faire sa reuolution en
uiron le centre de son epicycle, comme il y a
depuis vne moyenne coniunction dudit Soleil auec ledit planete, iusques à la prochaine
& suiuante moyenne cōiunction d'iceux. En
façon qu'en leur opposition moyenne, le cētre du corps du planete est en l'opposite de la
moyéne auge de son epicycle regulieremēt.
Dont il ensuit que le moyen argument du
planete, & la moyenne elongation de luy &
du Soleil:c'est à dire la distance qui est depuis
la ligne du moyen mouuemēt dudict planete,iusques à la ligne du moyen mouuement
du Soleil, selon l'ordre des signes est tout vn
quant en nombre de degrez: & qui a l'vn ,a
l'autre. Parquoy il est euident qu'en tirant le
moyen mouuement du planete , du moyen
mouuement du Soleil demeure necessairement le moyen argument dudit planete. Et

Temps de
la reuolu-
tion de l'e-
picycle des
trois supe-
rieurs pla-
netes.

H

confequemment, fi l'on adioufte le moyen
argument, & le moyen mouuement enfemble de chafcun defdicts planetes, il faut qu'il
en prouienne le moyen mouuement du So-
leil.comme,pofé le cas qu'em la figure cy deffoubz mife, A B C, foient les centres, comme deffus:D,le commencemēt du figne d'A-
ries,&H,la moyenne auge de l'epicycle:ima-
gine donc le planete eftant au poinct H, la ligne du moyen mouuement du Soleil, eftre
auec la ligne du moyē mouuemēt du planete A F,& le planete venant au point I,la ligne
du moyen mouuement du Soleil vienne au

poinct G,& foit A G,Ie veux dire qu'il y a autant de degrez & minutes depuis H, iufques
à I,au regard de l'epicycle, comme depuis F,
iufques à G,au regard de tout le zodiac.Par-
quoy en tirant l'arc D E F, de l'arc D E F G,
il refte F G, femblable au moyen argument
H I.Et en adiouftant ledit arc H I, auec l'arc
D E F,prouient en valeur D E F G, le moyē
mouuement du Soleil, cōme l'on peuft voir
par la prochaine figure & demonftration.

*Theorique & figure pour l'inuention du moyen
argument du planete.*

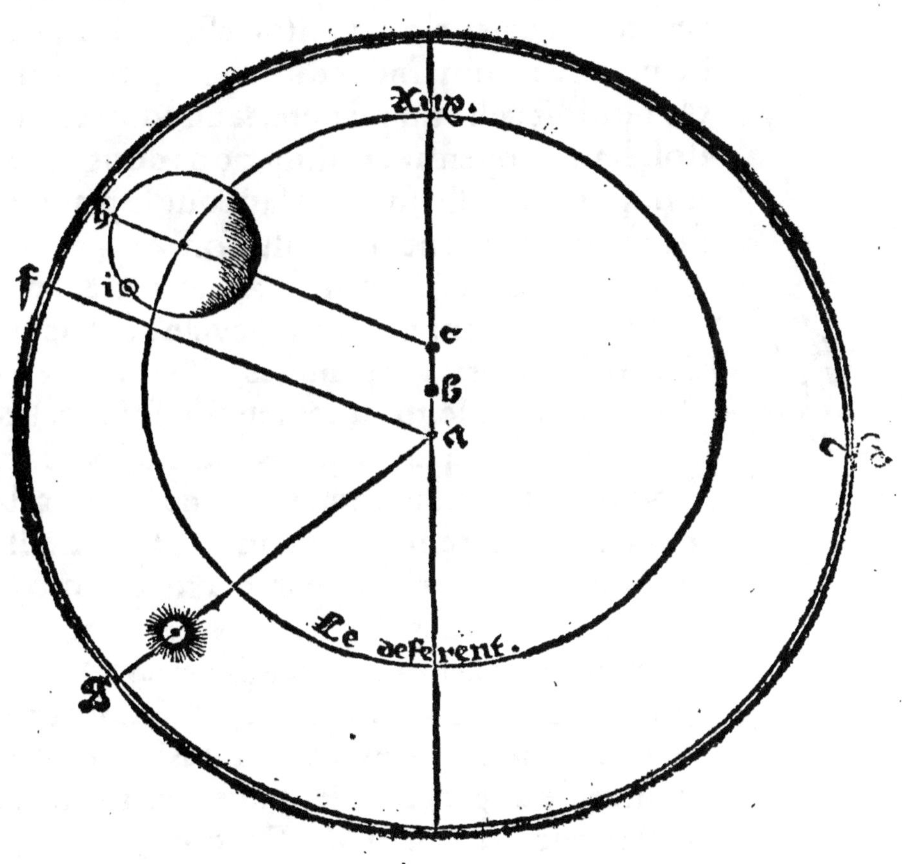

H ij

Il eſt pareillement euident des choſes deſſuſdictes, que d'autant que le centre de l'epicycle a plus tardif mouuement, tant plus eſt
veloce la reuolution du planete, enuiron le
centre de l'epicycle. La raiſon eſt, car la ligne
du moyen mouuement du Soleil, en rencon-
tre pluſtoſt celle du planete, & en aduiët pluſtoſt leur moyenne coniunction : dont pour
la ſimilitude deſſuſdicte. il faut que le planete
face plus viſtement ſa reuolution.

Mouue-
ment de la
latitude de
l'epicycle
des trois ſu-
perieurs
planetes.

    Venant conſequemment au ſecond & lati-
tudinal mouuement de l'epicycle de chacun
des trois ſuperieurs planetes : il faut entendre que outre le mouuement deſſuſdict, l'e-
picycle decline partie ça, & partie la, ſelon
la vraye auge dudit epicycle, de la ſuperfice de ſon deferent eccentrique, ſur vne ligne diametrale, paſſant par le centre & moyennes longitudes dudit epicycle, par maniere de titubation ou tremblement & non
point reuolution complete. En telle ſorte &
maniere que toutes & quantesfois que le
centre de l'epicycle vient aux interſections
dictes chef & queuë du Dragon, la vraye
auge de l'epicycle, & ſon oppoſite ſont droictement au loing de la ſuperfice du deferent,
& la ſuperfice de l'epicycle auec la ſuperfice
de l'eclyptique. Et quand le centre dudit

epicycle fort hors lefdictes interfections,
l'oppofite de la vraye auge de l'epicycle, decline fucceffiuement de la fuperfice du deferent & vers icelle partie vers laquelle decline la moitié du deferent, en laquelle pour
lors entre ledit epicycle, & la vraye auge dudit epicycle decline proportionalement à la
partie oppofite, iufques à ce que le centre
de l'epicycle vienne au poinct du deferent
plus declinant de l'ecliptique, moyen entre
les deux interfections. Lors eft la plufgrande declination de ladicte vraye auge, & fon
oppofite, qui puift auenir au regard du deferent. De ce moyen poinct dudict eccentrique, ladicte declination fe diminuë fucceffiuement, iufques à ce que le centre de
l'epicycle vienne à l'autre & oppofite interfection, en laquelle de rechef la fuperfice de
l'epicycle eft auec celle de l'eclyptique : &
la vraye auge de l'epicycle & fon oppofite,
au droict de la fuperfice du deferent. En façon que l'axe diametral, fur lequel fe faict ce
dict mouuement eft toufiours equidiftant
de la fuperfice de l'eclyptique, tandis que le
centre de l'epicycle eft hors defdictes interfections appellees chef & queuë du Dragon.
Des chofes deffufdictes, il enfuit premierement, que l'axe diametral, fur & enuiron

H iij

lequel se faict le principal & longitudinal mouuement de l'epicycle, est aucunesfois equidistant à celuy de l'eclyptique, & aucunesfois non : mais iamais n'est equidistant à celuy du deferent. Secondement il s'enfuit, que toutes & quantesfois que le centre de l'epicycle est hors les interfections dictes chef & queue du Dragō, & le corps du planete en la superieure partie de l'epicycle, que ledict planete est entre la superfice de l'eclyptique & du deferent. Mais ledit planete estant en la partie inferieure dudit epicycle, ladicte superfice du deferent est entre l'eclyptique & le corps du planete, dont la declination de l'vn, surmonte aucunesfois la declination de l'autre. Tiercement il s'enfuit, que les moyennes & vrayes auges de l'epicycle, ne font pas toufiours determinez par les lignes defsufdictes, qui paffent par le centre de l'epicycle : mais font en la circunferēce de la plaine superfice de l'epicycle, laquelle couppe à droicts angles celle du deferent, au long de la ligne de la moyenne, & vraye auge de l'epicycle, chafcune à par foy imaginee. Les *Des latitu-* latitudes qui font aux tables astronomi-*des qui font* *aux tables* ques, font calculees comme fi l'epicycle *aftronomi-* estoit au poinct qui est moyen entre les deux *ques.*

interſections, le plus declinant de l'eclyptique que tout autre poinæ du deferent. A
cauſe doncques de ce mouuement de l'epï-
cycle dit proprement inclination, il faut imaginer vn orbe concentrique audiæ epicycle, au mouuement duquel aduient ladi-
æte inclination, pour euiter naturel incon-
uenient.

Finalement pour venir à la cognoiſſance
du vray lieu & mouuemēt deſdiæts planetes,
par le moyen des choſes deſſuſdiætes, il fault
premierement auoir le moyen mouuement
du planete, le mouuement de l'auge du deferent, par les tables & le moyen argument
par la reigle cy deuant exprimee. Apres
il faut tirer le mouuement de l'auge du
moyen mouuement du planete, pour auoir
le centre moyen. Par lequel moyen centre on prend l'equation du centre es tables,
de laquelle equation on reduiæt le moyen
centre & le moyen argument, & le moyen
mouuement du planete, au vray, en ceſte
forte. Si le centre moyen eſt moindre que
ſix ſignes, qui aduiennent le centre de l'e-
picycle deſcendant en l'auge du deferent,
vers ſon oppoſite, alors le moyen centre
excede le vray, & le moyen mouuement du

H ·iiij

Pratique & vſage de la Theo- rique des trois ſupe- rieurs pla- netes.

Regle pour auoir le vray eſtre & vray mouuemēt de l'epicy- cle.

planete surmonte pareillement le vray mouuement de l'epicycle. Parquoy il faut soubtraire l'equation du centre au zodiac, au
centre moyen, & du moyen mouuement
du planete, pour auoir le vray centre & le
vray mouuement de l'epicycle. Et quand ledict moyen centre a plus de six signes, c'est
à dire quand le centre de l'epicycle remonte
de l'opposite de l'auge du deferent, vers ladicte auge, il faut adiouster ladicte equation,
pource que tout le contraire aduient des
choses dessusdictes. Pour auoir le vray argument, il ne faut que adiouster l'equation du
centre en l'epicycle, au moyen argument,
quand on soubtraict ladicte equation au zodiac du moyen centre, & la soubtraire quand
l'autre doit estre adioustee : en façon que
l'vne soit soubtraicte quand l'autre est adioustee : pource que le moyen argument excede le vray, quand le vray centre excede le
moyen : & au contraire, quand le vray argument excede le moyen, le moyen excede le vray proportionalement. Repetons
pour exemple la penultime figure precedente, en laquelle A, soit le centre du monde,
B, le centre du deferent H I K L, & C, le centre de l'equant, & le reste comme a esté dit
dessus. L'epicycle doncques estant au poinct

I, il faut foubtraire l'equation F G, du moyen centre E F G , & du moyen mouuement D E G, pour auoir le vray centre E F, & vray mouuement de l'epicycle D E F. Mais il conuient lors adioufter l'equation M N, au moyen argument N O, pour auoir le vray M N O. Et fi l'epicycle eft au poinct L, pour le vray centre E G F, ou le vray mouuement de l'epicycle D E G F, il conuient adioufter ladicte equation G F au moyen centre E G, ou moyen mouuement D E G, Mais pour auoir le vray argument M O, il conuient lors foubtraire l'equation M N, du moyen argument N M O. Et ainfi faut entendre des autres.

Exëple des chofes cy deffus declarees.

La Theorique

*Figure & Theorique de l'inuention du vray centre & vray
argument, comme aussi du vray mouuement de l'epicycle.*

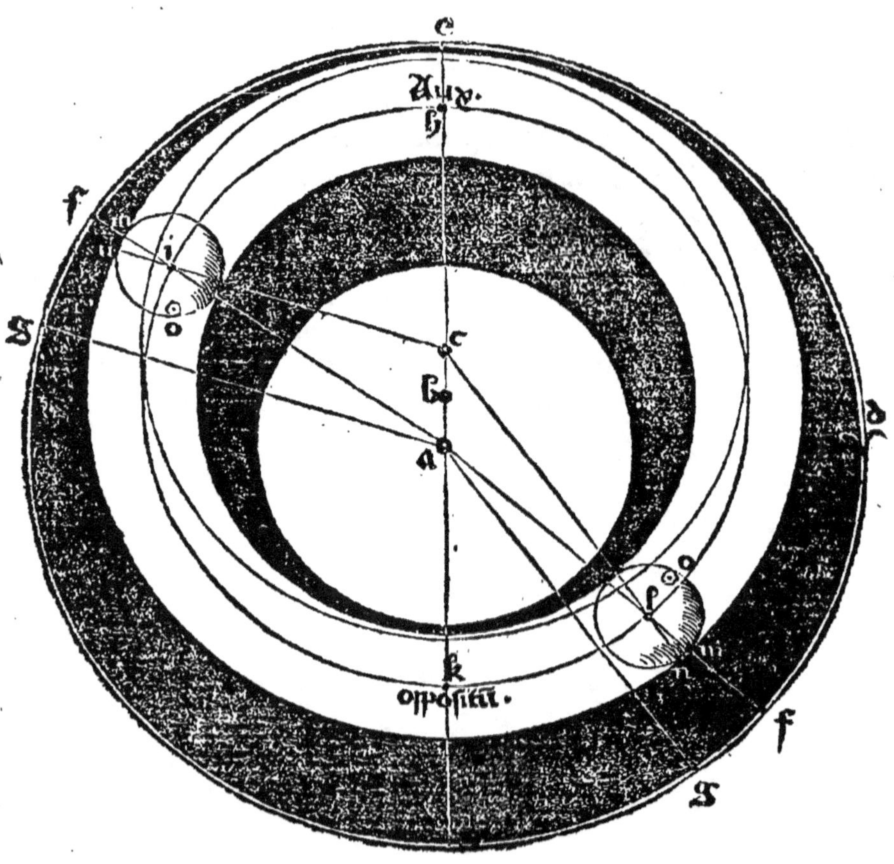

Finablement par le vray argument, on prēd esdictes tables l'equation de l'argument. Et si ledict vray argument est moindre de six signes, la ligne du vray mouuement du planete precede la ligne du vray mouuement de l'epicycle, parquoy ladicte equation de l'argumēt doit lors estre adioustée au vray mouuement de l'epicycle pour auoir levray mouuement du planete. Et quand ledit vray argument excede six signes, il aduient le contraire dont conuient lors soubtraire ladicte equation en quelque part du deferent que soit l'epicycle. Soit pour plus euidente declaration resumée la figure precedente, auec l'epicycle estant au poinct I, & soit premierement le planete au poinct O: Pource donc que le vray argument M N O, est moindre que six signes, il faut adiouster l'equation FG, au vray mouuement de l'epicycle DEF. pour auoir le vray mouuemēt du planete DEG. Et si ledit argument est plus grand que six signes, comme le planete estant au poinct P, lors il faut soubtraire l'equatiō F L, du vray mouuement de l'epicycle D E F, pour auoir le vray mouuement du planete D E L, & ainsi des autres.

Theorique & demonstration finale pour l'inuention du vray mouuement du planete.

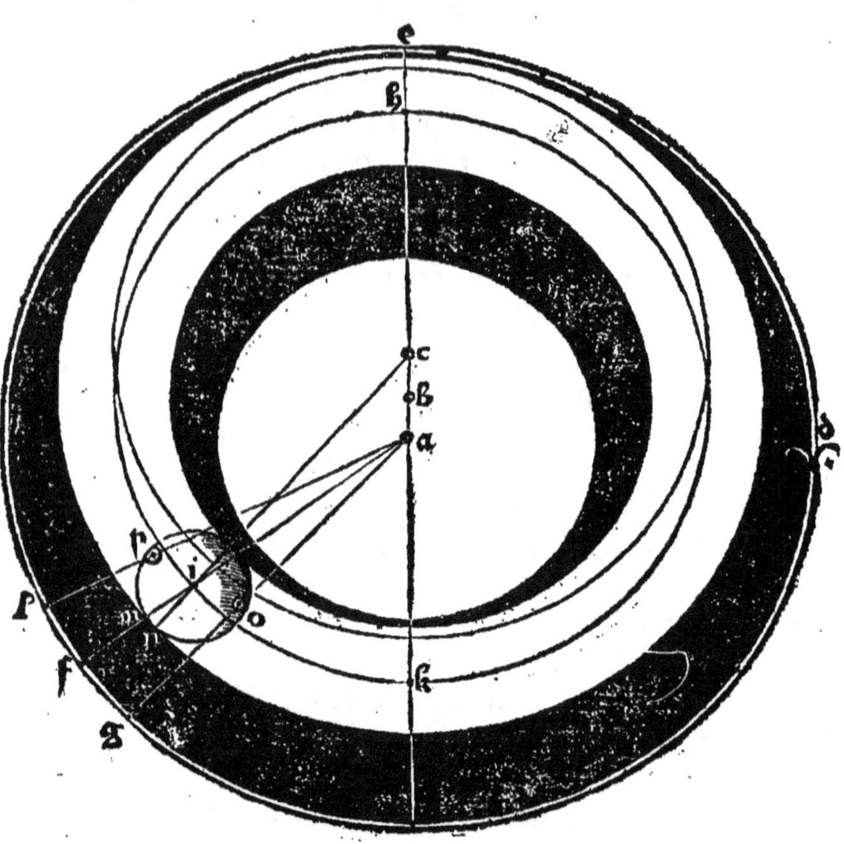

Pour auoir plus ample cognoiſſance des choſes deſſuſdictes, il conuient noter que les equations de l'argument prouenantes d'vn meſme, ou ſemblables argumens, ſont diuerſes : A cauſe de la diuerſe appropinquation du centre de l'epicycle vers le centre du monde, ainſi qu'il a eſté dict cy deuant de la Lune. Les equations des argumens qui ſont aux tables aſtronomiques, ſont calculées l'epicycle eſtant en la moyenne longitude du deferent. Mais les equations de chacun argument, l'epicycle eſtant en l'oppoſite de l'auge du deferent, ſont plus grandes que celles qui prouiennent des meſmes argumens, l'epicycle eſtant aux moyennes longitudes dudit deferent. Et auſdictes moyennes longitudes aduiennent plus grandes, qu'en l'auge d'iceluy deferent. Parquoy il a fallu mettre deux manieres de diuerſitez du diametres, & deux manieres de minutesproportionales, pour iuſtifier leſdictes equationsdes argumens. Les differences doncques des equations qui prouiennent l'epicycle eſtant en l'oppoſite de l'auge du deferent, ſur les equations que les meſmes argumens donnēt aux moyēnes lōgitudes,ſont appellées les diuerſitez du diametre prochaines, ou de la pl⁹ breue longitude.Mais les differences par leſ-

De la va-riété de l'e-quation des argumens.

De l'equa-tion des ar-gumés qui eſt aux ta-bles aſtro-nomiques.

Diuerſitez du diame-tre prochai-nes & loin-taines.

quelles lefdictes equations des moyennes longitudes, furmontent celles qui prouien-nent en l'auge du deferent des mefmes argu-mens, font appellées les diuerfitez du diame-tre loingtaines, ou de la plus longue longitu-de, pour difcerner les vnes desautres. Et pour-ce que la ligne qui procede du centre du mo-de, iufques à l'auge du deferent, eft plus lon-gue que celle qui procede dudit centre iuf-ques aux moyennes longitudes, la difference d'entre icelles diuifée en foixante parties ega-les, eft appellée les minutes proportionales loingtaines, ou de la plus longue longite fur

Minutes proportio-nales loing-taines & prochai-nes.

la moyenne. Pareillement la ligne qui proce-de du centre du monde aufdictes moyen-nes longitudes, excede celle qui du mef-me centre viet iufques à l'oppofite de l'auge dudit deferent, la difference d'icelle fur l'au-tre diuifée en foixante parties egales, fera nó-mée les minutes proportionales prochaines, ou de la moyenne fur la plus breue & pro-chaine longitude. Comme lon peut veoir par l'exemple de la fuiuante figure, en laquel-le la ligne A D furmonte la ligne A E, par la

Exemple.

partie D G, & ladicte ligne A E excede A F, de la partie EH, le refidu eft clair de foy.

Theorique & figure des minutes proportionales des trois
planetes superieurs.

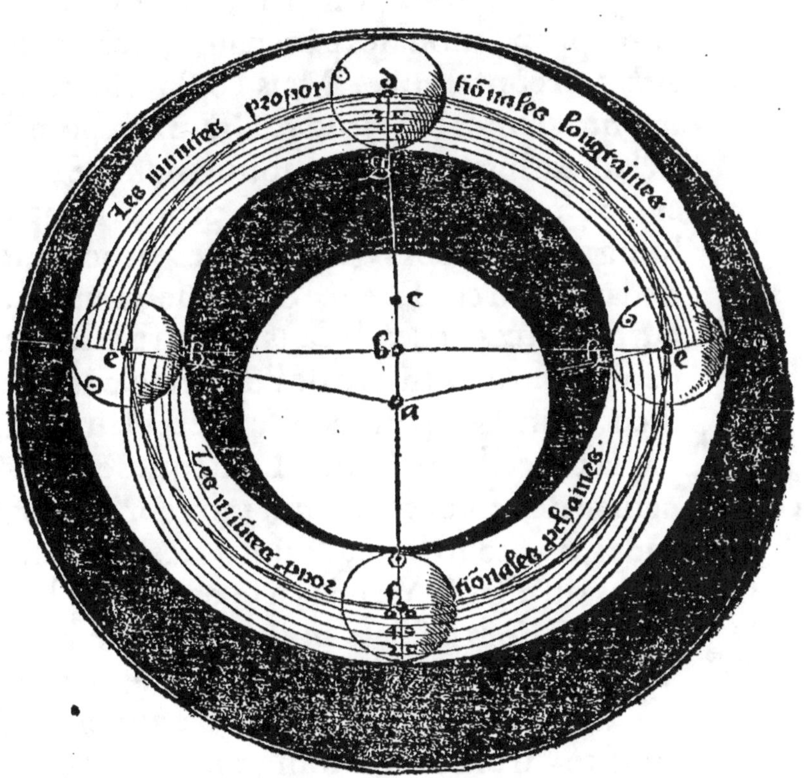

In s'enfuit donc que la ligne du vray mouuement de l'epicycle eftant en l'auge du deferent, comme au poinɕt D, a toutes les minutes proportionales loingtaines dedans la circunference du deferent, & en l'oppofite de
l'auge, comme au poinɕt F, toutes les minutes proportionales prochaines dehors ladiɕte circunference. Mais l'epicycle eftant
aux moyennes longitudes, cóme aux poinɕts
E, ladiɕte ligne du vray mouuement de l'epicycle a toutes les minutes proportionales
loingtaines dehors, & toutes les prochaines
dedans la circunference dudit deferent: & es
autres lieux partie dedans, & partie dehors,
felon la varieté du lieu de l'epicycle, entre lefdiɕts poinɕts, comme il appert clairement

La prati-
que & vfa-
ge des mi-
nutes pro-
portiona-
les, & di-
uerfité du
diametre.

par la precedente figure. Doncquesquand le
centre de l'epicycle eft aux moyennes longitudes, on prend les equations des argumens
telles qu'elles font: mais fi le centre de l'epicycle eft hors lefdiɕts poinɕts, par le centre
vérifié, on prend les minutes proportionales aux tables, & par le vray argument la diuerfité du diametre, loingtaine ou prochaine, felon la denomination defdiɕtes minutes proportionales. Et puis de cefte diuerfité du diametre, il en faut prendre vne partie proportionale, felon la proportion defdiɕtes

ctes minutes à soixante. Laquelle partie il
faut adiouster à l'equation de l'argument
trouuée es tables, si ladicte diuersité, &
minutes proportionales font prochaines:ou
soubtraire de ladicte equation si la diuersité
du diametre & minutes proportionales font
loingtaines, pour auoir l'equation de l'argument à la situation & lieu proposé de l'epicycle. De laquelle equation ainsi iustifiée il
faut faire comme a esté dict cy dessus. Posé
le cas pour exemple, que l'equation de l'argument trouuée soit de dix degrez, & les
minutes proportionales douze, & la diuersité du diametre six degrez, Pose donc tes
nombres ainsi, soixante, vint six, selon la
reigle commune des proportions, & mul-
tiplie vingt par six, viendront cent & vingt,
que tu partiras par soixante, resteront deux
pour le quotient: ausquels deux, les six ont
telle proportion que soixante à vingt. Cela fait, adiouste les deux aux dix degrez,
& seront douze, si le centre de l'epicycle
est entre l'auge, & les moyennes longitudes du deferent. Ou soubtrais lesdicts deux
degrez de la partie proportionale, des dix
degrez de l'equation trouuée, & resteront
huit, qui seront l'equation qu'on deman-
de, si le centre de l'epicycle est entre les

Exemple & pratique du precedent.

I

moyennes longitudes, & l'opposite de l'auge
du deferent : & ainsi des autres. Il s'ensuit
doncques que quand le centre de l'epicycle
est en l'auge du deferent, que toute la diuersité du diametre se doit soubtraire, & quand
il est en l'opposite de l'auge, ladicte equation
doit entierement estre adioustée : à cause que
toutes les minutes proportionales sont toutes dedans : ou toutes dehors la circunference du deferent : comme a esté dict & demonstré cy dessus. Et icy nous ferons fin
à la Theorique de Saturne, Iupiter & Mars:
lesquels on nomme les trois planetes superieurs.

Chosos fort dignes de noter.

La Theorique de Venus & Mercure.

Brieue de-scriptiõ des orbes de Venus, & de sõ auge.

Enus quant au nombre, situatiõ,
& figure des orbes, & mouuemēt
longitudinal, est toute semblable à chascun des trois superieurs planetes, & n'y a autre difference, fors que l'auge du deferent est droictement soubs le mesme lieu du zodiac, soubs
lequel est l'auge de l'eccentrique deferent du
Soleil : tellement que le mouuement de l'auge du Soleil, est celuy de Venus, & qui a l'vn
a l'autre sans difference.

La seconde difference de Venus enuers les

trois superieurs est, que le deferent de son epi- Mouuemēt du deferent l'epicycle de Venus, selon la lōgitude de l'eclyptique.
cycle a deux mouuemens, le premier est le
principal mouuement au long de l'ecliptique, regulierement sur le centre de l'equant,
tout ainsi qu'a l'vn des trois superieurs. Fors
que le centre de l'epicycle met autant de
temps à faire sa reuolution, comme la ligne
du moyen mouuement du Soleil. Et auec ce
la ligne du moyen mouuement de Venus est
tousiours soubs vn mesme lieu du zodiac
auec celle du Soleil, en façon qu'il est tou-
iours moyenne coniunction du Soleil, & de
Venus Parquoy le moyen mouuemēt du Soleil sert pour le moyen mouuement de Venus, & qui a l'vn a l'autre, sans aucune difference, pour la communication dessusdicte.
Du second mouuement nous parlerons en
celuy de Mercure, auquel il est semblable.

La tierce difference par laquelle Venus ne Du mouuement de l'epicycle de Venus.
communique auec les trois superieurs, est le
mouuement de l'epicycle. Car l'epicycle de
Venus a trois mouuemens Le principal est
semblable au mouuemēs de l'epicycle de l'vn
des trois superieurs, fors que le centre du
corps de Venus paracheue sa reuolution enuiron le centre dudit epicycle en dix & neuf
mois solaires, sans auoir egard au Soleil, comme les trois superieurs.

I ij

Le demeurant eſt tout ſemblable aux trois
ſuperieurs , en tout ce principalement qui
concerne les termes & practique d'iceux, &
mouuemens faicts au long de l'ecliptique.
Le reſte tant pour l'epicycle , que pour ſon
deferent ſera declairé auec Mercure, en ſon
propre lieu, à cauſe de la communication qui
eſt entre iceux.

Communi-
cation de la
Theorique
de Venus
auec les
autres.

Mercure eſt quaſi du tout different & particulier aux trois ſuperieurs & à Venus : pour la
diuerſité & ingenieuſe excogitation de ſon
mouuement. Car Mercure a cinq orbes, auec
l'epicycle, dont il en y a quatre difformes, &
vn vniforme. Premierement ſont les deux
extremes, dont la concaue ſuperfice de l'inferieur eſt moindre de tous, auec la conuexe
ſuperfice du ſuperieur, ont vn meſme centre
auec le centre du monde , comme eſt le centre A, de la ſuiuante figure : Mais la conuexe
ſuperfice dudit inferieur, & la concaue du ſuperieur ont vn meſme centre hors du centre
du monde , ſur le centre de l'equant, autant
diſtant du centre dudit equant (comme eſt B
de ladicte figure) que ledit centre de l'equant
eſt loing au centre du monde : ainſi que repreſente le poinct C, de ladicte ſuiuante figure :
& ſont appellez leſdicts orbes extremes,
les deferens de l'auge de l'equant. Le mou-

Deſcriptiõ
des diuers
orbes de
Mercure.

Mouuemẽt
du deferent
des auges
de l'equãt.

uement defquels fe fait fur & enuiron l'axe
du zodiac, par telle velocité ou quâtité, qu'eft
le mouuement des eftoilles fixes: côme a efté
dict des deferens de l'auge du Soleil, & des
trois fuperieurs planetes, & Venus.

Entre ces deux extremes orbes, font encores deux autres difformes, comprenans
entre eux le cinquiefme orbe vniforme deferent de l'epicycle : defquels orbes, la con
uexe fuperfice du fuperieur, & la concaue
de l'inferieur, ont vn mefme centre qui eft
le centre deffufdict : des interieurs fuperfi
ces, des deux orbes extremes: ceft à fçauoir
le poinct C de ladicte figure qui s'enfuit.
Mais la concaue fuperfice du fuperieur, &
la conuexe de l'inferieur, auec les deux fuperfices du moyen vniforme deffufdit, ont
encore vn autre centre, lequel eft mobile,
comme celuy de la Lune, & s'appelle proprement le centre de l'eccentrique deferent
de l'epicycle: ainfi que reprefente le poinct G,
de ladicte figure fuiuante, & font appellez ces
deux moyens orbes difformes, les deferens
de l'auge de l'eccentrique deferent de l'epicycle. Lefquels ont leur mouuement fur l'axe
diametral qui paffe par le centre deffufdit
des eccentriques fuperfices des quatre or
bes difformes, comme par le poinct C, contre

l'ordre & succeſſion des ſignes, comme ceux
de la Lune : faiſans regulierement leur reuolution en telle eſpace de temps, que la ligne
du moyen mouuement du Soleil. Dont il
s'enſuit qu'au mouuemét deſſuſdit, le centre
de l'eccentrique deferent, de l'epicycle, comme repreſente le poinct D, deſcript en ſemblable eſpace de temps, regulierement, enuiron
le centre commun aux deux ſuperfices des
deux extremes & moyens orbes difformes,
comme eſt C, vn petit cercle, duquel la circunference paſſe par le centre de l'equant:
pour autant que le ſemidiametre dudit petit
cercle eſt egal à la diſtance qui eſt entre le
centre dudit equant, & le centre du monde:
ainſi qu'il appert par ceſte figure.

Du petit
cercle de
Mercure.

Theorique des orbes, centres, auges, & deferens
de Mercure.

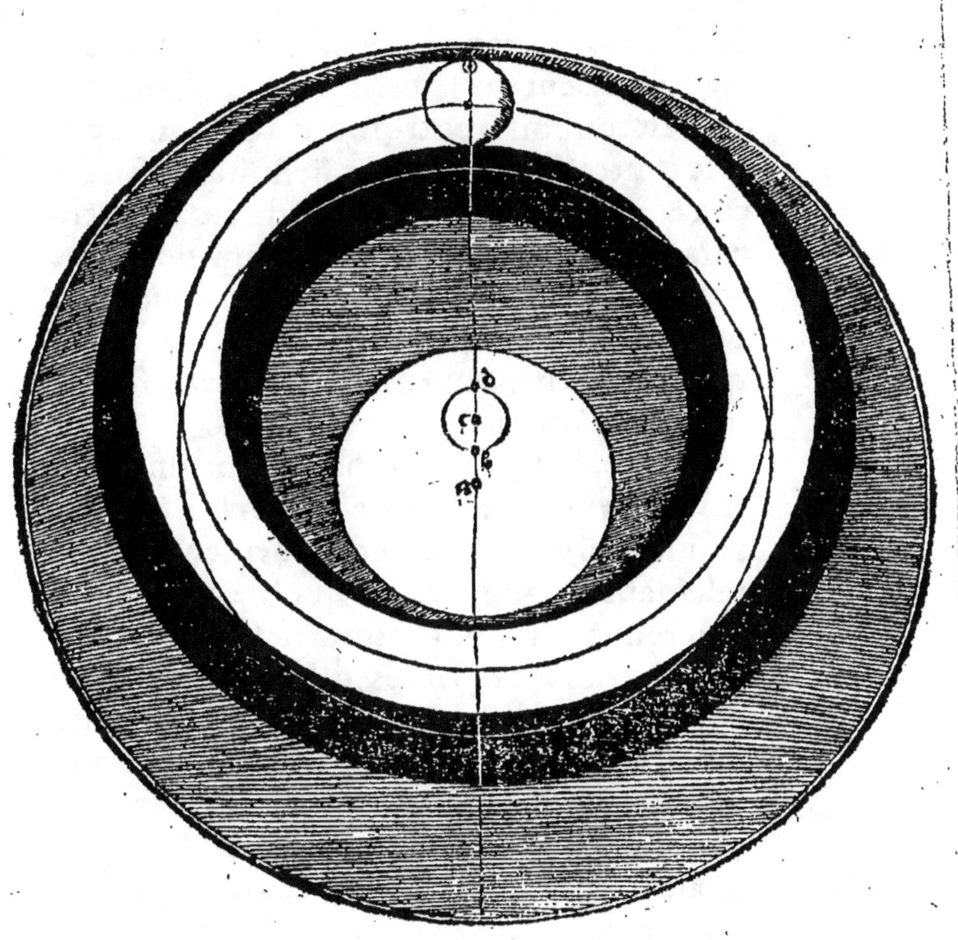

Du mou-
uement du
deferent de
l'epicycle.

Le cinquiefme & moyen orbe vniforme,
deferent de l'epicycle, a deux mouuemens,
comme celuy de Venus. Le premier & principal eft au long de l'ecliptique, felon l'ordre
des fignes, portant le centre de l'epicycle
regulierement fur le centre de l'equant: lequel eft toufiours entre le centre du monde,
& le centre du petit cercle deffufdict. En façon & maniere que le centre dudit epicycle
paracheue fa reuolution en autant de temps
& efpace que la ligne du moyen mouuement

Moyё mou
uement de
Mercure.

du Soleil: ainfi que Venus fait. Tellement
que le moyen mouuement du Soleil, eft auffi
le moyen mouuement de Venus, & dudit
Mercure. Et faut ce nonobftãt imaginer que
l'axe diametral dudit deferent, fur & enuiron lequel eft faict ledit mouuement, eft totalement mobile: à caufe que le centre dudit
deferent eft mobile pour raifon du mouuement des deux orbes difformes moyens:
comme a efté dict cy deffus, en la defcription
defdicts orbes. Dont il s'enfuit des chofes

Tous pla-
netes auoir
communi-
cation auec
le mouue-
ment du
Soleil.

deffufdictes, que tous les fix planetes ont
cõmunication auec le mouuement du Soleil:
quant à leurs mouuemens: lefquels prefup-
pofent ledit mouuement du Soleil: comme
leur regulier directoire: ainfi qu'il a efté dict
cy deffus. Il s'enfuit auffi pour caufe de la con

trarieté, & mesme velocité du mouuement
des deux deferens de l'auge de l'eccentrique,
& dudict eccentrique deferent de l'epicycle,
que le centre dudict epicycle passe en vn an
deux fois les deux orbes difformes moyens
deferens de l'auge de l'eccentrique, tout ainsi
que le centre de l'epicycle de la Lune, passe
deux fois en vn mois les deferens de l'auge
de sondit eccentrique : comme il a esté dit en
sa Theorique. Tiercement il ensuit, que non
obstant que le centre de l'epicycle de la Lune
soit deux fois en vn mois en l'auge de son eccentrique, & deux fois en son opposite : ce
neantmoins le cêtre de l'epicycle dudit Mer
cure n'est en vn an qu'vne fois en l'auge de
son deferent eccentrique, & vne fois en son
opposite. Pource que le centre dudit deferêt
de l'epicycle, n'enuironne point le centre du
monde, en descriuant le petit cercle, comme
fait celuy de la Lune : parquoy l'auge du deferent de l'epicycle dudit Mercure, ne faict iamais complete reuolution enuiron ce centre du monde, comme il aduient en la Lune :
mais descript certain arc deça, & de la l'auge
de l'equant, en partie selon l'ordre des signes,
& en partie contre iceluy par maniere de titubation alant & retournant vers l'auge dudit equant, tant d'vn costé que d'autre : descri-

uant certain arc foubz le zodiac qui eſt limi-
té &comprins par deux lignes procedans du
centre du monde, & touchans le petit cercle
deſſuſdiɛt : de ſorte que ladiɛte auge & ſon
oppoſite ne paſſent iamais leſdiɛtes lignes. Et
tout cecy aduiēt pource que la ligne de l'auge du deferent de l'epicycle , paſſe touſiours
par le centre dudit deferent, & ledit cētre du
deferent eſt circūduit hors le centre du mōde au mouuement des deux orbes difformes
moyens deſſuſdiɛts.

Diſcours du mouuement , tant des auges que du cētre deferēt l'epicycle de Mercure. Et pour plus amplement & clairement entendre les choſes deſſuſdiɛtes & ce qui s'en-
ſuit,& concerne la difficulté de la Theorique
& praɛtique des mouuemens dudit Mercure, il faut premierement noter que toutes &
quantesfois que le centre de l'epicycle eſt en
l'auge du deferent, il eſt auſſi en l'augede l'e-
quāt,& le cētre dudit deferēt en l'auge du petit cercle que ledit centre deſcrit,à cauſe des
mouuemens ainſi proportionnez. Et alors
leſdiɛtes auges & oppoſites ſont en vne meſme ligne , & le centre de l'epicycle eſt en la
pluſgrande diſtance qu'il puiſt auoir du centre du monde, & auec le centre du deferent
de l'epicycle , eſt deux fois plus long du centre de l'equāt , que le centre dudit equant du
centre du monde. Comme il appert par ceſte

figure, en laquelle A, represente le centre du
monde, B, le centre de l'equant, C, le centre
du petit cercle, & D, le centre du deferent de
l'epicycle, estant au poinct G, en l'auge dudit
deferent dessus l'auge de l'equant E: tellemēt
que l'auge dudit equant E F, & du deferent
G H, sont en vne mesme & droicte ligne
G D A F, comme demonstre la figure prochaine.

Exemples des choses cy deuant escrites.

Figure & demonstration des mouuements tant des auges que du centre deferent l'epicycle de Mercure.

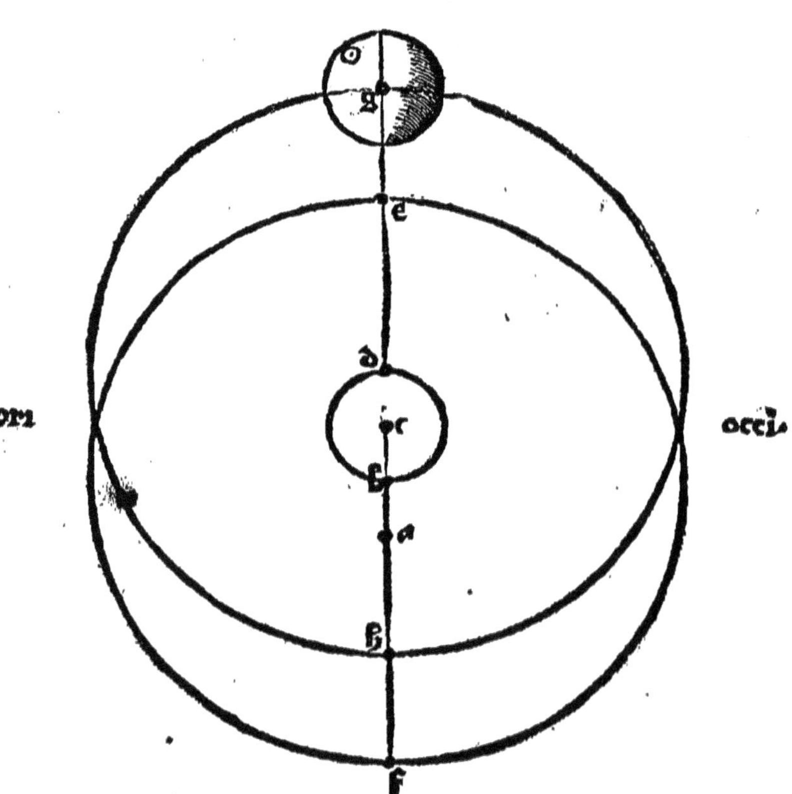

Apres cela il faut noter, que quand le centre du deferent de l'epicycle au mouuement des deux moyens orbes difformes, vient de l'auge du petit cercle, qu'il defcript vers Occident le centre de l'epicycle, au mouuement de fondit deferēt, s'en va par diſtāce proportionnee de l'auge de l'equant vers Orient, tellement que le centre dudit deferent de l'epicycle, s'approche fucceſſiuement du centre du monde, & l'auge dudit deferēt s'elongne de l'auge de l'equant proportionalemēt vers occident, iufques à ce que ledit centre du deferent foit en la ligne occidētale, qui touche ledit petit cercle: ce qui aduient en la diſtance de quatre fignes de l'auge dudit petit cercle: & le centre de l'epicycle eſtant elongné de l'auge de l'equant vers Orient par quatre fignes auſſi, pour la deſſufdiĉte conformité des mouuemens. Lors en telle fituation dudit epicycle, & centre de fon deferent, l'auge dudit deferent fera en la plufgrande elongation qu'elle puiſſe auoir de l'auge de l'equāt, vers Occident: & le centre de l'epicycle, fera en la plus prochaine voyſine approximation qu'il puiſt auoir du centre du monde, vers Orient: Combien qu'il ne foit point en l'oppofite de l'auge dudit deferent, ne en ladiĉte ligne touchāt ledit cercle: car ladiĉte ligne &

Difcours fort fingulier des precedēs mouuemens de Mercure.

Chofes dignes de côfideration.

oppofite de l'auge dudit deferent, feront lors
entre le cētre dudiꝗ epicycle & l'auge de l'e-
quant. Comme demonftre la fuiuante figure,en laquelle les centres , & cercles font cōme deffus.a efté dit , fors que le centre du deferent eft venu depuis D,iufques à K , & l'auge dudit deferent depuis G,iufques à I,& fon
oppofite depuis H,iufques à L ,& lecentre de
l'epicycle iufques au poinꝗ M.

*Exēple du
precedent.*

Figure demonstrant les choses icy deuant escriptes.

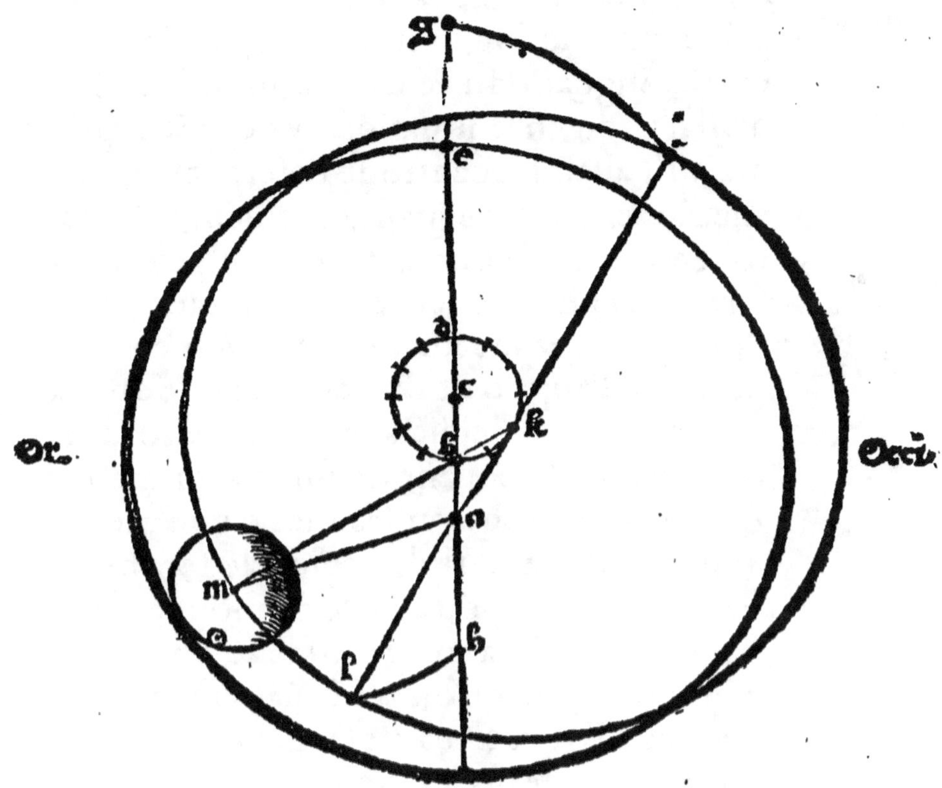

Confequ-emen-t le centre du deferêt de l'e-
picycle defcendant vers le centre de l'equât,
l'auge dudit deferent s'en retourne fuccelli-
uement vers l'auge de l'equant, & le cêtre de
l'epicycle s'en va de l'autre cofté proportionalement vers l'oppofite de l'auge de l'equât,
en s'elongnant du centre du monde, plus
qu'il n'eftoit en la fituation cy deuant exprimee. Et quand le centre du deferent viendra
auec le centre de l'equant, tellement qu'ils feront en vn mefme poinét, lors l'auge du deferêt de l'epicycle, fera enfemble auec l'auge
de l'equant, & le centre de l'epicycle en l'oppofite de l'auge tant du deferent que dudiét
equant. Et ferôt lefdiéts cercles eccentriques
du deferent & equant deffufdiét vn mefme
cercle, pource qu'on les met d'vne mefme
grandeur. Et le cêtre de l'epicycle fera beaucoup plus loing du centre du monde, qu'il
n'eftoit en la fituation deffufdiéte comme au
point M. Ainfi qu'on peuft clairement veoir
par cefte figure fuiuante laquelle n'a befoing
de plus ample declaration.

Autre dif-
cours des
precedens
mouuemés
du centre
deferent &
epicycle.

Propos di-
gnes de
grande ob-
feruation.

Autre

Autre demonstration des mouuements du centre deferent & epicycle de Mercure.

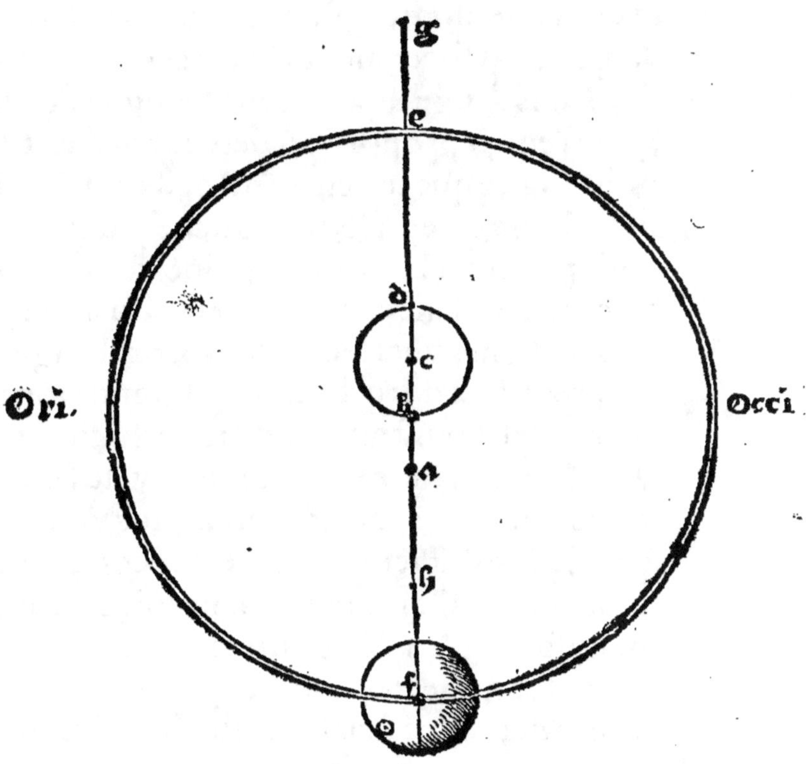

Depuis que le centre du deferent de l'epicycle s'en va en remontant par son petit cercle hors le centre de l'equant, le centre de l'e-
picycle s'en va de l'autre cofté hors l'opposite de l'auge dudit equant & de son deferent,
s'approchât succeffiuemēt du centre du mōde. Mais l'auge du deferent s'elôgne de l'auge de l'equât proportionalement vers Oriēt,
iufques à ce que le centre du deferent vienne
fur la ligne orientale, qui touche pareillemēt
ledit petit cercle, & fur le poinct d'iceluy petit cercle, diftant pareillemēt de fon auge par
quatre fignes vers ledit Oriēt. Lors l'auge du
deferent fera de rechef au plufgrand elôgne-
mēt qu'elle puift auoir de l'auge dudit equât
vers Orient, & le centre de l'epicycle fera pareillement vers Occidēt en la plus voifine &
prochaine diftâce du centre du monde, qu'il
puift auoir. Combien qu'il ne foit en la ligne
deffufdicte n'en l'oppofite de l'auge du deferent. Comme cefte figure prochaine & fuiuante demôftre : en laquelle tout eft comme
aux precedentes, fors que le centre du deferent eft venu depuis B, iufques à O : & l'auge
dudit deferent depuis E, iufques à N : & le cētre de l'epicycle du poinct F, iufques au point
Q : entre lefquels eft l'oppofite de l'auge dudit deferent, venu dudit F, au poinct P.

Autre demonstration des mouuements precedents de Mercure.

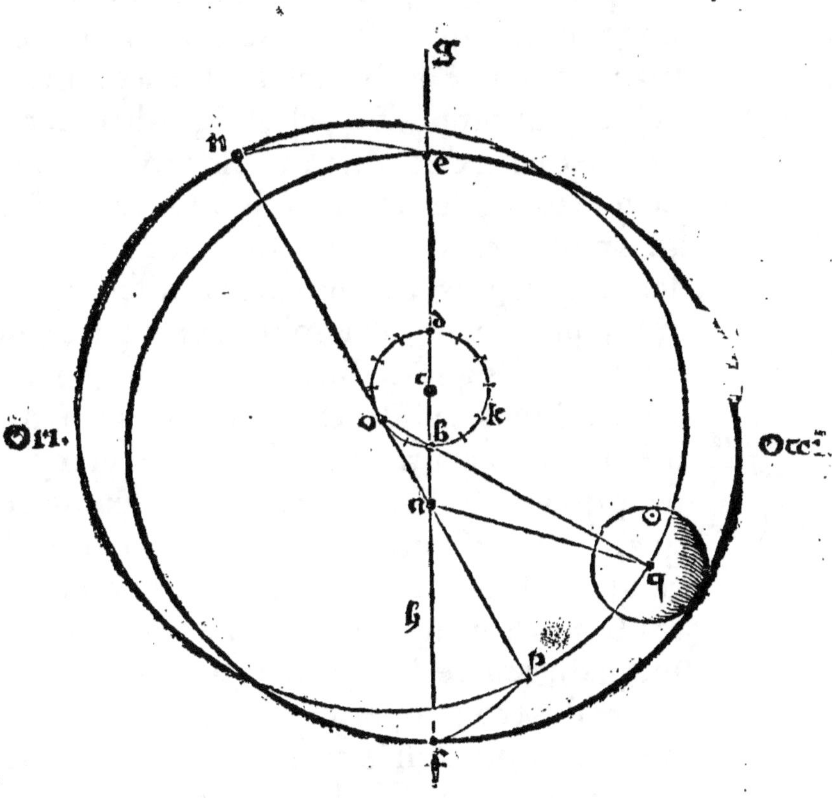

Du lieu deſſuſdict, le centre du deferent de l'epicycle remóte vers l'auge du petit cercle, & l'auge du deferent s'en retourne vers l'auge de l'equant, & le centre de l'epicycle ſe elongne du centre du monde plus qu'il n'eſtoit parauant, approchant ſucceſſiuemét de l'auge dudit equant & de ſon deferent. Et quand le centre dudit deferent ſera paruenu en l'auge dudit petit cerclé, l'auge du deferét ſera auec celle de l'equant, & le centre de l'epicycle auec elles, en la pluſgrande remotion qu'il puiſt eſtre du centre du monde, comme deuant. Depuis recommence le diſcours pareil au precedent, & ſemblable mutation de mouuemens que deſſus.

Des choſes deſſuſdictes, il enſuit premierement que le centre du deferent de l'epicycle n'eſt qu'vne fois en l'an auec le centre de l'equant, qui n'eſt que par vn inſtant ; & tout le reſidu de l'an ledit centre dudit deferent eſt touſiours hors le centre dudict equát, & plus loing du centre du monde que luy. Au contraire des trois ſuperieurs & de Venus. Parquoy s'enſuit auſſi le côtraire : c'eſt que d'autant que le centre de l'epicycle eſt plus prochain de l'auge de l'equant, ſon mouuement eſt plus veloce & haſtif : & d'autant plus tardif, que ledit centre de l'epicycle eſt pro-

chain de l'opposite de l'auge dudit equant.
Secondement il s'enfuit, que nonobstant que
le centre de l'epicycle ne foit en la plufgrande diftáce qu'il puift auoir du centre du mó-
de , qu'vne fois en l'an , il eft toutesfois en la
plus voifine approximation dudit centre du
monde qui luy puift aduenir, deux fois audit
an,comme a efté demonftré cy deuát. Combien que ledit centre de l'epicycle ne foit
qu'vne fois en l'oppofite de l'auge de fon deferent durant ledit an. Tiercement il eft euident des chofes deffufdiétes , que toutes &
quantesfois que le cétre de l'epicycle eft hors
l'auge de l'equant ou fon oppofite, l'oppofite de l'auge du deferent eft toufiours entre
l'oppofite de l'auge dudit equant & le centre
de l'epicycle, approchát aucunesfois de l'vn,
& aucunesfois de l'autre. Comme l'on peuft
veoir par les figures precedentes.

    Quartement il enfuit , que tout ainfi que
l'auge du deferent decline ça , & la, de l'auge
de l'equant fans exceder fes limites determinez par les deux lignes deffufdiétes touchant
le petit cercle : Ainfi faiét l'oppofite de l'auge dudit deferent , au regard de l'oppofite de
l'auge de l'equant. L'arc toutesfois que defcript l'auge dudit deferent, eft plugrand que
celuy lequel defcript fon oppofite : dont fon

Autre con-
clufion &
confequéce.

Tierce con-
clufion &
confequéce.

Quarte có-
clufion &
confequéce.

mouuement en eſt neceſſairement plus ha-
tif : veu que tous deux font leur arc en vn
meſme temps, c'eſt à ſçauoir dedans vn an.

Cinquieſ-
me conclu-
ſion & cō-
ſequence.

Outreplus il enſuit, que nonobſtant que le
centre de l'epicycle vienne au poinꝯ de ſon
deferent, qui eſt plus diſtant du centre du
monde qui puiſt eſtre , toutesfois ledit centre de l'epicycle ne vient iamais au poinꝯ
dudit deferent plus prochain dudit centre
du monde : Car ainſi qu'il a eſté monſtré cy
deſſus , quand le centre de l'epicycle eſt en
l'auge de l'eccentrique, lors enſuit que l'oppoſite de l'auge dudiꝯ deferent eſt lediꝯ
poinꝯ plus prochain. Mais lediꝯ epicycle
pour lors eſt en l'auge, comme a eſté dit, &
poinꝯ oppoſite dudiꝯ pluſprochain & voy-

Sixieſme
conſequen-
ce & con-
cluſion.

ſin poinꝯ du centre du monde. Finalement
il enſuit , que le centre de l'epicycle ne deſcript pas vne circulaire figure comme des
autres planetes : mais vne figure ouale, ou
bien lenticulaire & irreguliere, comme l'on
peuſt veoir par la figure cy apres miſe pour
les minutes proportionales dudit Mercure:
car le centre de l'epicycle entre dedans la circunference de l'equant enuiron les moïẽnes
longitudes : dont la diſtance eſt moindre
que le diametre dudiꝯ equant. Et puis que
le centre dudiꝯ epicycle vient en l'auge du

deferent, fur l'auge de l'equant felon le diametre du petit cercle, & puis vient en l'oppofite de l'auge dudit equant, la longueur de
ladiƈte figure eft pluflongue que le diametre
dudit equant.

Ces chofes ainfi clairement expofees touchant le mouuement longitudinal du deferent de l'epicycle, tant de Venus que de
Mercure, Il eft expedient declarer le fecond
mouuement du deferent de chafcun d'i-
ceux enfemble: qui fe faiƈt par maniere de
deuiation de leur circunference & plaine fuperfice, au regard de la plaine fuperfice de
l'eclyptique. Car la fuperfice du deferent
de l'epicycle, autant de l'vn comme de l'autre, s'eflongne de la plaine fuperfice de
l'eclyptique, declinant aucunesfois vers Midy, & aucunesfois vers Septentrion, fur la
ligne diametrale qui eft au loing de l'inter-
feƈtion defdiƈtes fuperfices, & paffe par les
feƈtions appellees chef & queuë du Dragon : diftans de l'auge de l'equant par nonante degrez de chafcun cofté, Lequel
mouuement eft tellement proportionné au
mouuement du centre de l'epicycle, que
toutes & quantesfois que le centre de l'epicycle eft en aucune defdiƈtes interfeƈtions
diƈtes chef & queuë du Dragon, toute la fu-

*Du mou-
uement de
latitude de
Venus &
Mercure.*

*Chofe di-
gne de no-
ter.*

perfice du deferent est ioincte auec celle de l'eclyptique , sans aucune deuiation. Mais tout aussi tost que le centre de l'epicycle laisse lesdictes intersections , la superfice du deferent commence à soy deuoyer & incliner, ou separer de celle de l'eclyptique. En telle maniere , que la moytié en laquelle entre l'epicycle de Venus , decline vers Septentrion : & la moytié en laquelle entre l'epicycle de Mercure decline vers midy regulierement. Laquelle diuiation se augmente successiuement, iusques à ce que le centre de l'epicycle vienne en l'auge, ou son opposite du deferent. Alors le deferent dessusdict est en sa plusgrande deuiation, c'est à sçauoir en Venus de dixsept minutes , & en Mercure de quarante cinq. Laquelle deuiation se diminuë successiuement , iusques à ce que le centre de l'epicycle vienne en l'autre, & opposite intersection : & alors la deuiation de rechef est nulle. Et puis aduient comme deuant a esté dit , en declinant vers la partie opposite.

Des deuiations ou bië deuoyemés de Venus & Mercure.

Consequëces & conclusions extraictes du precedent.

Dont il ensuit premieremët, que tout ainsi que l'epicycle de Ven⁹ ne decline iamais vers la partie meridionale, aussi l'epicycle de Mercure neviët iamais ou decline vers Septëtrió. Pource que ledit epicycle entre tousiours en

la partie declinante : comme a esté dict cy Seconde côsequence.
dessus. Il s'enfuit aussi, que la reuolution du
centre de l'epicycle en son deferent, est pro-
portionée à ladicte deuiation du deferent
tant de l'vn comme de l'autre, à cause de la
conformité & respondence dessusdicte. Tier- Tierce.
cement il ensuit, que l'axe diametral & poles, sur & enuiron lesquels se fait le principal & longitudinal mouuement du deferent
de l'epicycle, s'approchent & eslongnent
des poles & axe de l'ecliptique : à cause de
ladicte deuiation du deferent. Outre plus Quarte.
il n'aduient pas à Venus ne Mercure, ce qui
a esté dict des trois planetes superieurs, desquels l'auge ne passe iamais l'eccliptique :
car ainsi qu'il appert par les choses dessusdictes, l'auge du deferent tant de Venus que
de Mercure, vient aucunesfois vers septentrion, & aucunesfois vers midy. Finable- Quinte.
ment à cause de ladicte deuiation, pour euiter les inconueniens reprouuez par naturelle philosophie, il conuient mettre sur chacun desdicts deferens, vn orbe vniforme,
concentrique audit deferent, au mouuement
duquel aduienne la deuiation, ou titubation
dessusdicte.

L'epicycle de Mercure a trois mouuemens,
côme celuy de Venus: desquels le premier &

principal mouuement se fait tout ainſi que celuy des trois ſuperieurs & de Venus : fors que le centre du corps de Mercure parfaict ſa reuolution enuiron le centre de l'epicycle, au temps & eſpace de quatre mois ſolaires regulierement.

Du mouuement de l'epicycle de Mercure.

Le ſecond mouuement de l'epicycle tant de Venus comme de Mercure, eſt dict inclination, tout ſemblable à celuy de l'epicycle des trois ſuperieurs. Laquelle inclination ſe fait au regard du diametre de la vraye auge, & de ſon oppoſite de l'epicycle, ſur le diametre trauerſant par le centre dudit epicycle, & moyennes longitudes: tellement que la vraye auge de l'epicycle decline vers ſeptentrió, & ſon oppoſite vers midy, & puis au contraire de la circunference du deferent de l'epicycle. Laquelle inclination eſt tellement proportionnée au mouuement du centre de l'epicycle, que toute & quantes fois que le centre de l'epici/cle eſt en l'auge de l'equant, ladicte inclination eſt nulle, de ſorte que le diametre de la vraye auge de l'epicycle eſt au long & droict du deferent, & en vne meſme ſuperfice. Et quand le centre de l'epicycle s'en va hors l'auge dudit equant, la vraye auge de l'epicycle de Venus decline ſucceſſiuement vers ſeptentrion, & la vraye auge de l'epicycle de

Mouuemẽt de l'inclination de l'epicycle, tant en Venus qu'en Mercure.

Comparaiſon & collation fort propre.

Mercure vers midy, & leurs opposites aux
parties opposites. Laquelle inclination croist
tousiours iusques à ce que le centre de l'epicycle vienne à l'intersection dicte queuë du
Dragon:distant de l'auge de l'equant par nonante degrez selon l'ordre des signes. Alors
ladicte vraye auge est en sa plus grande inclination laquelle inclination se diminue, puis
apres successiuement iusques à ce que le centre de l'epicycle vienne à l'opposite de l'auge
dudit equant:auquel lieu de rechef ladicte inclination est nulle,& le diametre de la vraye
auge au long & droict de la superfice du deferent. Finablement le centre de l'epicycle tirant de ce lieu vers l'autre intersection dicte
chef du Dragon, la vraye auge de l'epicycle de
Venus commence decliner vers midy,& celle de Mercure vers septentrion, & leurs opposites vers les parties opposites. Laquelle inclination croist successiuement iusques à ce
que le centre de l'epicycle vienne en l'autre
intersection dicte queuë du Dragon, ou de
rechef ladicte inclination & deuiation est la
plus grande qui puist aduenir: laquelle decroist successiuement, iusques à l'auge de l'e-
quant. Et puis reuient la disposition telle que
dessus,& mesme discours ia declairé. Dont il
est euident, que toutes & quantes fois que

*Des incli-
nations de
Venus &
Mercure.*

*Ou se faict
la plus grã-
de deuiatiõ
de Venus
& Mer-
cure.*

le deferent eſt en ſa plus grande deuiation, ledit epicycle n'a point d'inclination, & quand
ladiĉte inclination de l'epicycle eſt la plus
grande, la deuiation de l'epicycle eſt nulle.

Secondement, l'epicycle des planetes deſ-
ſuſdiĉts a vn autre mouuement appellé reflexion: laquelle ſe fait au regard du diametre
de moyennes longitudes de l'epicycle, ſur
& enuiron le diametre de la vraye auge &
ſon oppoſite de l'epicycle, tellement que la
partie dextre de l'epicycle fait ſa reflexion
vers vne partie, & la ſeneſtre vers l'autre.
Lon appelle la ſeneſtre celle qui s'enſuit
apres la vraye auge ſelon l'ordre des ſignes
dudit epicycle: & l'autre eſt diĉte la dextre, qui precede ladiĉte vraye auge. Et faut
noter que ladiĉte reflexion eſt tellement proportionnée au mouuement du centre de l'e-
picycle, que toutes & quantes fois que le centre de l'epicycle eſt en l'interſeĉtion nommée
chef du Dragon precedent l'auge du deferent par nonante degrez contre la ſucceſſion
des ſignes, ladiĉte reflexion eſt nulle, tellement que leſdiĉtes moyennes longitudes
ſont en la meſme ſuperfice du deferent.
Quand le centre de l'epicycle eſt hors ladiĉte
interſeĉtion, & vient en l'auge de l'equant, la
ſeneſtre & orientale moitié du diametre deſ-

dictes moyennes longitudes de l'epicycle de
Venus fait fa reflexion vers feptentrion , &
celle de Mercure vers midy, & l'autre moitié
dudit diamatre vers la partie oppofite. Et
croift ladicte reflexion, iufques à ce que le
centre de l'epicycle foit en l'auge dudit
equant, où efchet la plus grande reflexion
qui puift eftre. Laquelle decroift proportionalement iufques à ce que le centre de l'e-
picycle foit venu en l'autre & oppofite interfection, où de rechef ladicte reflexion eft
nulle. Confequemment le centre de l'epicycle venant de ladicte fection dicte queuë du
Dragon, vers l'oppofite de l'auge dudit equāt
la deffufdicte moitié feneftre du diametre des
moyennes longitudes de l'epicycle de Venus
fait fa reflexion vers midy, & de l'epicycle
de Mercure vers feptentrion. Laquelle reflexion croift fucceffiuement iufques à ce
que le centre de l'epicycle foit en l'oppofite
de l'auge de l'equant, ou de rechef aduient la
plus grande reflexion. Et de la fe diminuë ladicte reflexion, iufques à ce que ledit epicycle retourne à la fection deffufdicte du chef
du Dragon , precedant l'auge dudit equant,
où de rechef ladicte reflexion eft nulle. Et
puis fe continuë la difpofition & habitude
telle que parauant.

Dont il s'enfuit & eſt euident, qu'aux lieux
auſquels aduiennent les plus grandes inclinations de l'epicycle, la reflexion eſt nulle, & au
contraire ou il aduient la plus grande reflexion, il n'y a point d'inclination. Leſquelles
inclinations ſont refereés & comptées au regard de l'ecliptique, & les reflexions au regard du deferent, & celles qui ſont aux tables,
ſont calculées des plus grandes qui puiſſent
aduenir: & par icelles on proportionne les autres, comme demonſtrent les canons deſdictes tables. Il enſuit auſſi que quand il aduient
la plus grande reflexion, qui eſt le centre
de l'epicycle eſtant en l'auge ou oppoſite du
deferent, l'extremité du diametre duquel ſe
fait ladicte reflexion, a moindre reflexion que
n'ont beaucoup de poincts de la circunference de l'epicycle eſtans ſoubs ledit diametre.
Et le poinct de la circũference dudit epicycle
qui a plus grãde reflexiõ, eſt celuy qui touche
la ligne droicte procedant du centre du monde, ioignant ledit epicycle. Tiercement il enſuit que la reflexion ſe fait ſur le diametre de
l'inclination, & ladicte inclination ſur le diametre de la reflexion, tellement que l'vn eſt
l'axe de l'autre, Et ſi ne faut pas que l'axe diametral ſur lequel ſe fait ladicte inclination,
ſoit equidiſtant à l'axe de l'ecliptique, quand

l'epicycle eſt hors les interſections dictes
chef & queuë du Dragon : comme il a eſté
dit des trois ſuperieurs, à cauſe de la deuiation deſſuſdicte. Finablement il faut imaginer enuiron ledit epicycle deux orbes vniformes, concentriques audit epicycle, au
mouuement deſquels aduiennent leſdictes
inclinations & reflexions : pour euiter les
inconueniens reprouuez par naturelle phi-
loſophie.

Quarte.

Pour finale concluſion de ceſte matiere, il
faut noter que les termes aſtronomiques &
practique d'iceux, eſt telle en Venus & Mercure que aux trois ſuperieurs : fors qu'il y a
aucune diuerſité aux minutes proportionales de Mercure. Car les equations des argumens qui ſont aux tables pour Mercure, ſont
celles qui prouiennent le centre de l'epicycle
eſtant aux moyennes diſtances dudit centre
de l'epicycle au centre du monde. Laquelle
aduient le centre de l'epicycle eſtant eſloigné
de l'auge de l'equant par deux ſignes, quatre degrez, & trente minutes, & non point
és moyennes longitudes du deferent, comme és autres planetes. Outre plus la plus
prochaine acceſſion & breue diſtance du centre de l'epicycle, au centre du monde aduient,
quand le centre dudit epicycle eſt diſtant

Des equa-
tions de l'ar-
gument de
Mercure.

de l'auge de l'equant par quatre signes: & non
point ledit centre de l'epicycle.estant en l'opposite de l'auge, comme es autres planetes:
ainsi qu'il a esté dict cy deuant.

    Les minutes donc proportionales loingtai-
nes de Mercure, ne sont autre chose que la
difference de la plus grande longitude, ou distance du centre de l'epicycle sur la moyenne, diuisée en soixante parties egales. Comme
represente la difference E G, de la ligne A E G,
sur la ligne A I, ou A K, de la suiuante figure:
de laquelle les centres & cercles du deferent, & de l'equant sont notez comme és
precedentes, mesmement apres le nombre septiesme. Mais les minutes proportionales prohaines, sont pareillement la difference de la moyenne elongation du centre de l'epicycle, sur la plus prochaine distance qu'il puist auoir, diuisée en soixante parties egales, tout ainsi qu'õ peut veoir par exẽ-
ple des differences I L, & K M L, des lignes A I,
& A K, sur les lignes A N, & A O, de la suiuante figure. Par laquelle on peut facilement
comprendre quelles minutes demeurent
hors la circunference que descript le centre
de l'epicycle, & quelles restent & se treuuent
dedans, en toutes les situations dudit epicycle. Ensuit ladicte figure.

Theo-

Des minu-
tes propor-
tionales de
Mercure,
loingtaines
& prochai-
nes.

Theorique historiale des minutes proportionales de Mercure:
& de la figure ouale, laquelle il descript.

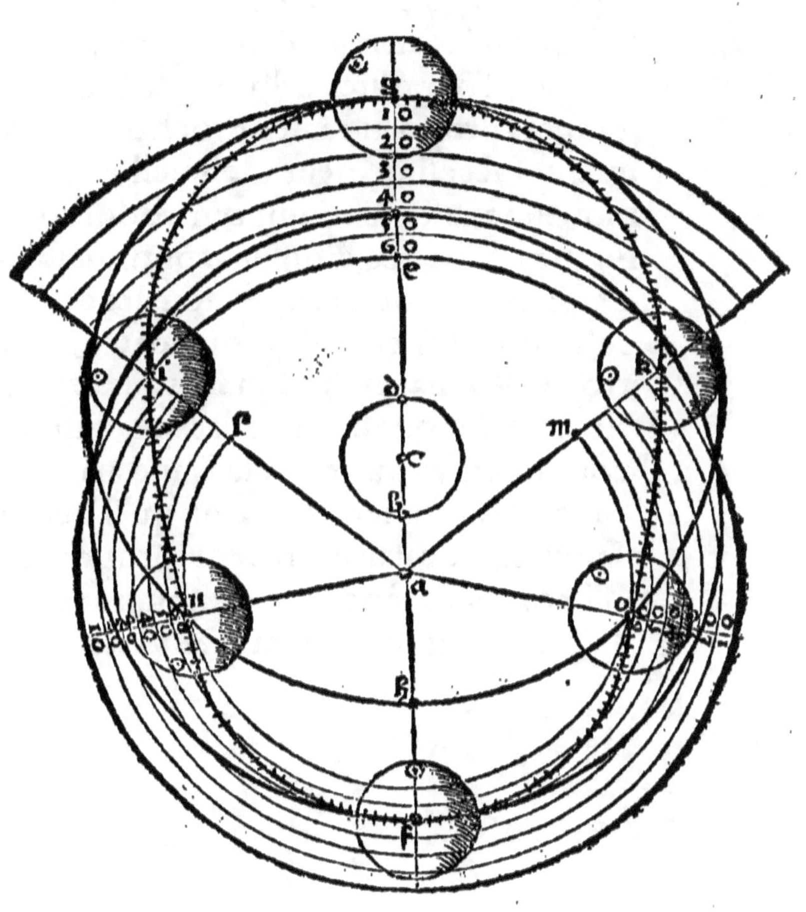

Et par ainſi faut diffinir les diuerſitez du diametre, ſelon la denomination deſdictes minutes proportionales, comme a eſté fait des autres planetes. Pource finablement, que depuis la plus prochaine diſtance du centre de l'epicycle, au regard du centre du monde, iuſques à l'oppoſite de l'auge de l'equant, les minutes proportionales prochaines ſe diminuent ſucceſſiuement, leſquelles depuis la moyenne diſtance dudit centre de l'epicycle, iuſques audit lieu croiſſent continuéllement. Leſdictes minutes proportionales de Mercure ſont dictes eſtre de trois ſortes, ou auoir trois ordonnances : leſquelles aux trois ſuperieurs n'ont que deux ordres & differences: comme en Venus, & en la Lune n'ont qu'vn ordre tant ſeulement : ainſi qu'il a eſté ſuffiſamment declairé en leur propre lieu & Theorique. Doncques icy nous mettrõs fin à la Theorique de Mercure & Venus.

*Des paſsions des planetes , refereés à leurs
propres mouuemens, ou dependences
accidentales d'iceux.*

Es eſtoilles erratiquesque nous
appellons Planetes , meſme-
ment celles qui ont epicycle,
deputé à leur mouuemét (ſauf
la Lune)comme Saturne,Iupi-
ter, Mars, Venus, & Mercure , ont certaines
paſſions accidentales , pendantes de leurs
mouuemens cy deſſus declairez. Premiere- *Planet di-
ment vn planete eſt appellé direct, ou droict reſt & rec-
en ſon mouuement , quand la ligne de ſon trograde.*
vray mouuement va ſelon l'ordre des ſignes
du zodiac. Et quand elle va au contraire,ledit
planete eſt retrograde.Mais ſi ladicte ligne du
vray lieu & mouuement du planete , ſemble
eſtre arreſté: c'eſt à dire n'aller ſelon,ne côtre
l'ordre des ſignes,ledit planete eſt dict ſtation-
naire. Et tout cecy ſe doit entendre au re- *Planete
gard du mouuement de l'epicycle: car tout ſtatiõnaire,
va ſelon l'ordre des ſignes, au regard de l'ec- & des poïts
centrique. de ſes ſta-*
                                                 tions.
  Les poincts des ſtatiõs ſont deux. Le premier eſt celuy auquel eſtant le planete,il com-
mêce eſtre retrograde:côme eſt le poinct Cde

la suiuante figure. En laquelle A represente le centre du monde , B le centre de l'epicycle CDEF : & CBE represente l'arc du deferent de l'epicycle , GH l'arc & portion de l'ecliptique , F l'auge dudit epicycle , & D son opposite. Le second poinct de ladicte station , ou station seconde est celuy auquel estant la planete il se commence à diriger ou dresser: comme est le poinct E de ladicte figure qui ensuit. Et sont ces deux poincts tousiours egalement distans de l'auge de l'epicycle, ledit epicycle estant en vn mesme lieu de l'eccentrique. Mais tous les deux poincts dessusdicts s'approchent ou reculent egalement de l'auge de l'epicycle, ou son opposite, selon que ledit epicycle est plus prochain ou plus loingtain du centre du monde: car d'autant que le centre de l'epicycle est plus prochain de l'opposite de l'auge de l'equant, tant plus lesdicts poincts des stations sont prochains de l'opposite de l'auge de l'epicycle.

L'arc de la premiere station, est l'arc de l'epicycle, comprins depuis l'auge vraye dudit epicycle, iusques au poinct de la premiere statiõ: comme est l'arc F C, de ladicte figure qui s'ensuit incontinent. Et l'arc de la seconde station, est celuy qui est comprins depuis la vraye auge de l'epicycle, par son opposite , iusques

au poinct de la seconde station. Ainsi que represente l'arc FCDE, de la figure suiuante.

L'arc de la direction sera doncques celuy
qui est comprins depuis le poinct de la seconde station, par la vraye auge de l'epicycle, iufques au poinct de la premiere : comme l'arc
EFC, de ladicte figure. Dont l'arc de la retrogradation sera le residu arc de l'epicycle, comprins depuis le poinct de la premiere station,
par l'opposite de l'auge, iufques au poinct de
la seconde: ainsi que represente l'arc CDE.

Arc de di-
rection &
retrogra-
dation.

L iij

Figure & demonstration de la direction, retrogradation, &
po.ncts, comme aussi arcs stationnaires des planetes.

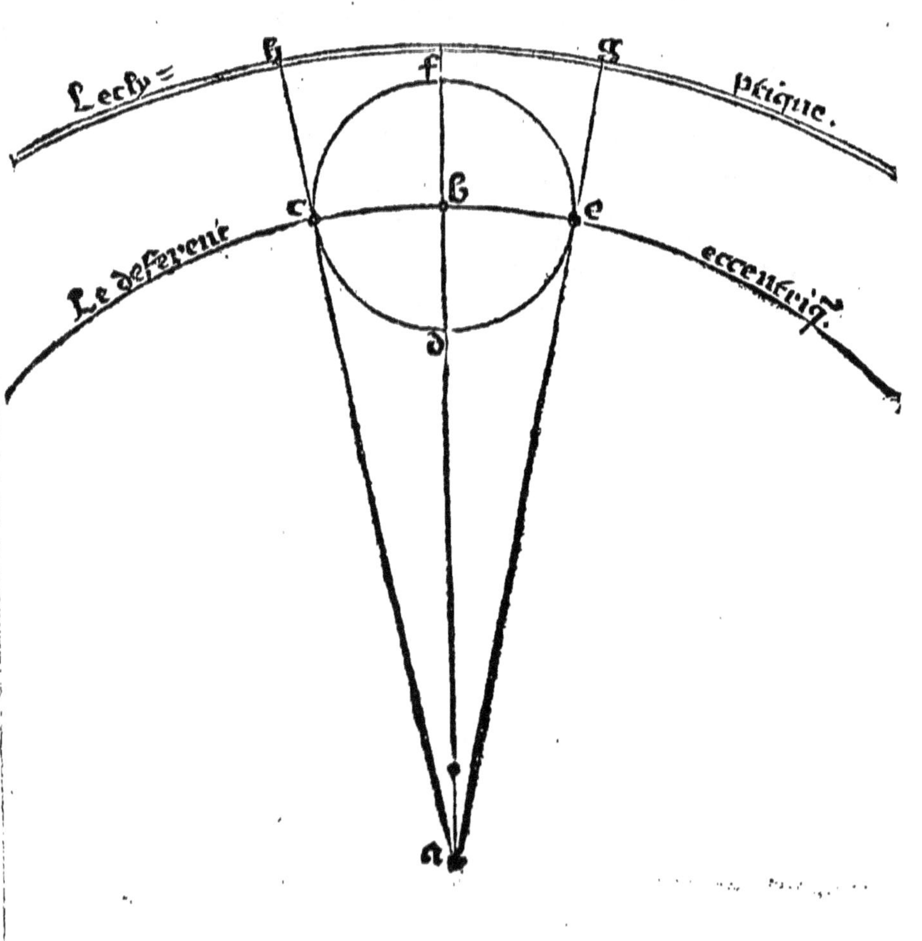

Doncques il s'enfuit que lefdicts arcs de direction & retrogradation croiffent & decroif-
fent à caufe de la variatiō des poincts deffuf-
dicts des ftations. Parquoy il enfuit de rechef,
que le temps des directions & retrograda-
tions, eft aucunesfois plus long, & aucunesfois plus bref pour la variation des poincts &
arcs deffus nommez.

Confequē-
ces tirees
des propos
precedens.

Pour auoir le temps de la direction ou retrogradation, il conuient diuifer ledit arc
de direction ou de retrogradation, par le
mouuement diurnel du planete en fondit
epicycle, que nous appellons l'argument.
Comme fi l'arc E F C eftoit de deux cens degrez & le planete faifoit chacun iour dix degrez partis deux cēs par dix & viendra vingt:
conclus donc ledit planete en vingt iours paf-
fer ledit arc E F C.

Pour auoir
le temps de
direction
ou retro-
gradation.

Il enfuit de rechef que fi l'arc de la premiere
ftation eft foubtraict de tout le cercle, reftera
l'arc de la feconde ftation. Et en tirant l'arc de
la premiere ftatiō, de la feconde demeure l'arc
de retrogradatiō. Et fi vous oftez ledit arc de
retrogradation de tout le cercle, reftera l'arc
de directiō: cóme en oftant FC, de tout le cercle CDEF, refte l'arc FDE: car FC eft egal
à FE: comme a efté dict. Item oftez FC de

Pour auoir
l'arc de di-
rection ou
retrogra-
dation.

D E F , reste C D E. Et si vous tirez le dit arc
C D E, de tout le dit cercle C D E F, il restera
l'arc E F C.

La Lune n'estre ia mais statiõ naire ou re-trograde. La Lune toutesfois, combien qu'elle ait
epicycle , n'est iamais stationnaire ne retro-
grade come les autres cinq planetes, pour la
velocité du mouuement du centre de son
epicycle. Car la ligne du vray mouuement de
l'epicycle, descript tousiours plus grand arc
du zodiaque, selon la suite des signes, que ne
fait la ligne du vray mouuement & lieu de la
Lune par la partie superieure de l'epicycle, se-
Lune vélo-ce & tar-diue. lon ladicte suite des signes. La Lune toutesfois est dicte tardiue par la superieure partie
de son epicycle, & veloce par l'inferieure partie d'iceluy : faisant comparaison d'vn mouuement à l'autre: comme a esté dit en sa Theorique.

Planetes tardifs & hastifs. Tous planetes , desquels la ligne du vray
mouuement va plus tard que celle du moyen
contre l'ordre des signes , sont appellez tardifs , ou diminuez de corps & mouuement.
Mais si ladicte ligne du vray mouuement va
plus fort & vistement que la ligne du moy-
en , lesdicts planetes sont lors appellez hastifs
ou veloces, & augmentez de cours.

 Itẽ quãd l'equation est adioustée sur le moyẽ

mouuement, ils sont dits augmētez de nombre. Et quand elle est soubtraicte, sont appellez diminuez de nombre.

Et quand lesdicts planetes se retirēt du Soleil, ou que le Soleil s'elongne d'eux, ils sont
appellez angmentez de lumiere, & diminuez
d'icelle, si lesdicts planetes s'approchent du
Soleil, ou ledit Soleil va vers eux, & les offus-
que de ses rais.

Outre plus lesdicts planetes sont appellez
orientaux & matineux, quand il se leuent sur
l'horizon deuant le Soleil. Et quand ils se
couchent soubz ledit horizon apres le Soleil, on les nomme occidentaux & vespertins: comme l'on voit souuent de Venus entre les autres.

Dauantage, les planetes qui pour la remotion d'iceux au regard du Soleil, ou du Soleil
au regard d'eux, sortent hors les rais dudiĉt
Soleil, & commencent estre veus au matin
deuant le Soleil leuant, sont diĉts orientaux
matutins. Mais si pour la remotion desdiĉts
planetes au regard du Soleil, ou dudit Soleil
au pris d'eux, ils sortent hors les rais du Soleil, & commencent estre veuz au soir apres
Soleil couché, on les nomme orientaux
vespertins. Les occidentaux matutins sont
dits ceux qui s'approchent du Soleil, & en-

trant les raiz d'iceluy, commencent eſtre ca-
chez au matin. Et ſi le Soleil s'approche deſ-
diétz planetes, & les offuſque de ſes raiz , ou
que leſdiéts planetes s'approchent tellement du Soleil qu'on ne les puiſſe plus veoir
au ſoir , leſdiéts planetes ſont diéts occidentaux veſpertins. Et toutes ces manieres
d'apparēces ou occultations ſe referét au Soleil,& non à l'horizon. Dont il enſuit que Saturne, Iupiter, & Mars ne ſont point occidē-
taux matutins, ne orientaux veſpertins, pour
la tardité de leur mouuement: mais bien Venus, Mercure, & la Lune, à cauſe de la velocité de leur mouuement, au regard de celuy du
Soleil.

Choſes di
gnes de no-
ter.

Touchant les cauſes, par leſquelles la Lune
apparoiſt apres ſa coniunétion auec le Soleil,
aucunesfois pluſtoſt,& autresfois pluſtard, il
en a eſté ſuffiſáment parlé en ſon propre lieu,
& Theorique particuliere de ladiéte Lune.

Aſpeéts
des plane-
tes trine,
quart &
ſextile.

Reſte finablement determiner des aſpeéts,
dont l'vn eſt dit trine , quand deux planetes
ſont diſtans de la tierce partie du zodiac, ſeló
leur vray lieu & mouuement. L'autre eſt dit
quart aſpeét , quand ladiéte diſtance eſt de la
quarte partie dudit cercle. Le tiers eſt dit ſextile regard ou aſpeét, & aduient quãd le vray
lieu d'vn planete eſt diſtant du vray lieu de

l'autre par deux fignes , qui font la fixiefme partie du zodiaque. Entre les afpeĉts on met la coniunĉtion, & oppofition. La moyenne coniunĉtion eft quand les lignes du moyen mouuement font en vn mefme point du zodiac, felon la longitude. Ainfi faut entendre de la vraye coniũĉtion par les lignes du vray lieu,& mouuement defdiĉtz planetes : Et cõfequemmẽt des oppofitions tant vrayes que moyennes. Defquelles comme auffi des coniunĉtions vifibles , diuerfitez de regard (tant felon la longitude,que latitude)& generalement de toute la matiere appartenãt aux eclipfes du Soleil & de la Lune , item & de la declination referee à l'equateur , & auffi des latitudes , ou mouuements latitudinaux au regard & comparation de l'eclyptique, a efté fuffifamment & au long , en fon propre lieu traiĉté aux precedentes Theoriques des Planetes.Et pour cefte caufe nous ferons icy fin de cefte matiere.

*Enfuit la Theorique de la huitiefme Sphere, nom-
mee le firmament, concernante le propre mouuement des eftoiles fixes : duquel participent tous
les fept planetes, excepté la Lune.*

POurce que le cours & mouuemēt
des eftoilles fixes eftans en la huitiefme Sphere appellé le firmament, eft fi tardif qu'il ne peuft
eftre obferué, & confideré finon que par l'experience & iufte examination de plufieurs
Aftronomes, fuccedans l'vn à l'autre par
long interualle de temps: Il eft neceffaire dō-
ner foy, & foy feruir des obferuations & re-
folutions des anciens Aftrologues, & bons
Mathematiciens, qui ont fur ce cas prins peine, & faict bonne diligence. Et fi ainfi eft, il
faut neceffairement conclure, que ledict
mouuement de la huitiefme Sphere eft irregulier : c'eft à dire vne fois plus tardif que
l'autre : toutesfois tous conuiennent enfemble, que ledit mouuement eft faict au
contraire du premier & regulier mouuemēt
de tout l'vniuerfel monde qui faict fa reuolution en vingt quatre heures, c'eft à fçauoir,
d'Occident en Orient. Et felon Ptolomee
la quantité dudit mouuement des eftoilles

fixes, est en cent ans vn degré de l'eclyptique
fixe. Et selon Albategny vn degré en soixante six ans. Et ainsi des autres diuerses opiniós,
selon la diuersité du temps , & particuliere
obseruation sur ce faicte.

Parquoy il a esté imaginé par les modernes
Astronomes vn mouuement composé de
trois particuliers, pour le mouuement de la
huitiesme Sphere : dont l'vn est attribué au
premier molibe, ou quel est l'eclyptique fixe,
& est le regulier mouuement de vingt quatre
heures : L'autre est attribué à la neufiesme
Sphere , imaginee entre ledit premier mobile & le firmament : lequel mouuement est
d'Occident en Orient , au long du zodiac
fixe : Le tiers est vne maniere de titubation,
propre à ladicte huitiesme Sphere : laquelle
titubation a esté excogitee pour reformer la
varieté & irregularité du mouuement des-
susdit , comme l'on a faict par epicycles &
eccentriques aux sept planetes. Et sur ceste
opinion , ont esté composez les Canons des
tables d'Alphonse , & autres Astronomes,
qui le plus communement ont fondé leurs
calculations sur iceluy : tellement que c'est le
commun vsage de calculer , selon l'imagination de ce triple mouuement. Lequel en de-
laissant les autres opinions , nous declare-

rons cy apres le plus facilemēt qu'il fera pof-
fible, commençant au primier mobile, & puis
aux autre; felon leur ordre & fucceffion.

Que c'eft que le pre-mier mobi-le & de fō mouuemēt.   Par le premier mobile faut imaginer vn orbe totalement vniforme, & concentrique à
tout le monde, enuironnant toute la machine des cieux. Lequel par fon propre mouuement tourne & circunduict dedans l'efpace
de vingt quatre heures, fur le cētre, poles, &
axe du monde, tous les orbes inferieurs comprins & enuironnez de luy, auec l'elemēt du
feu, & plus haute region de l'air. Tellement
que cedit mouuement femble eftre le propre
mouuement de tout l'vniuerfel monde : par
Cours na-turel du premier Ciel.   lequel non feulement les eftoilles fixes : mais
le Soleil, la Lune, & autres planetes, font re-
gulierement circunduicts (durant ledit efpace de vingt quatre heures) d'Orient en Occident : faifant le iour naturel, & eftant caufe
du iour & de la nuict artificiels: dont on l'appelle communement le mouuement diur-
nel, comme nous auons amplement declaré
au traicté de la Cofmographie, ou de la Sphere du monde.

Le fecond Ciel, dict fecond mo-bile, ou   Entre ledit premier mobile, & le firmamēt
(comme nous auons dit) eft le fecond mobi-
le, dit vulgairement la neufiefme Sphere, totalement vniforme & concentrique, enui-

ronnant rondement le firmament deſſuſdict
& la reſte des ciels comprins dedans la con
cauité dudit firmament. Laquelle neufieſme
Sphere, eſt premieremẽt circunduicte comme les autres, au mouuemẽt du premier mobile deſſuſdict, & puis a ſon particulier mouuement d'Occident en Orient, paracheuant
ſa reuolution en quarãte neuf mil ans, ſur vn
autre axe , & autres poles que ceux du premier mobile. Lequel axe interſeque, ou croi-
ſe celuy du premier mobile au centre du
monde : & leſdicts poles de ce mouuement
ſont elongnez inuariablement des poles du
monde , & premier mobile par vingt deux
degrez & quarante minutes : En façon &
maniere que la plaine ſuperfice du pluſgrand
cercle de ceſte Sphere , appellé l'eclyptique,
eſt au long & droict de l'eclyptique du premier mobile: tellement que ce n'eſt qu'vne,
& la declination d'icelle au regard de l'equateur , eſt pareillement de vingt deux degrez,
& quarante minutes. Et eſt ladicte eclyptique, celle où l'on calcule les mouuemens ſelõ les tables: & la ſection vernale d'icelle auec
ledit equateur, eſt le commencement & chef
du ſigne dit Aries de ladite eclyptique fixe.
Il faut toutesfois entendre , que nonobſtant
que la ſuperfice de Lune des eclyptiques ne

par iamais de l'autre latitudinalemēt : toutesfois ils sont deux poincts en l'eclyptique
de ladicte neufiesme Sphere diametralemēt
opposite: dont l'vn est dict le chef mobile, &
commencemēt d'Aries, & l'autre le chef &
& cōmencement de Libra de ladicte eclyptique. Et par ces deux points, principalemēt du
chef & cōmencemēt dit Aries, on cōsidere ledit mouuement de la neufiesme Sphere, au
long de l'eclyptique fixe du premier mobile.
Auquel mouuement la huitiesme Sphere est
circunduicte , & les deferens des auges des
planetes, fors ceux de la Lune, comme nous
auōs dit aux Theoriques particulieres desdits
planetes. Parquoy ledit mouuemēt ainsi fait
au contraire de celuy du premier mobile, est
dit le mouuement des auges des planetes, &
des estoilles fixes : non pas le vray, mais le regulier & moyen mouuement d'icelles: car le
vray se iustifie par addition & subtraction de
l'equation de la huitiesme Sphere: dont nous
parlerōs cy apres. Et par ce moyē mouuemēt
des auges des planetes, & estoilles fixes, faut
entendre l'arc de l'eclyptique fixe, comprins
entre la section vernale de ladicte eclyptique
fixe,&l'equateur,dicte le chef d'Aries immobile , & le chef d'Aries de ladicte neufiesme
Sphere selon l'ordre & succession des signes:
comme

*Mouumēs
des estoilles
fixes, Et au-
ges des pla-
netes.*

comme represente l'arc A B , de la suyuante
figure: suppose que A B C D, soit la superfice
desdictes ecliptiques ioinctes , & A E C F,
l'equinoctial: A, le chef d'Aries immobile: &
B, le chef d'Aries de la neufiesme Sphere: mobile au long de ladicte ecliptique A B C D:
du poinct A, par B, vers le poinct C: & G , finablement soit le centre du monde : duquel
procedent les lignes qui denotent lesdicts
poincts du chef d'Aries tant mobile que immobile:

M

La Theorique

Figure & demonstration du moyen mouuement des estoilles fixes & auges des planetes.

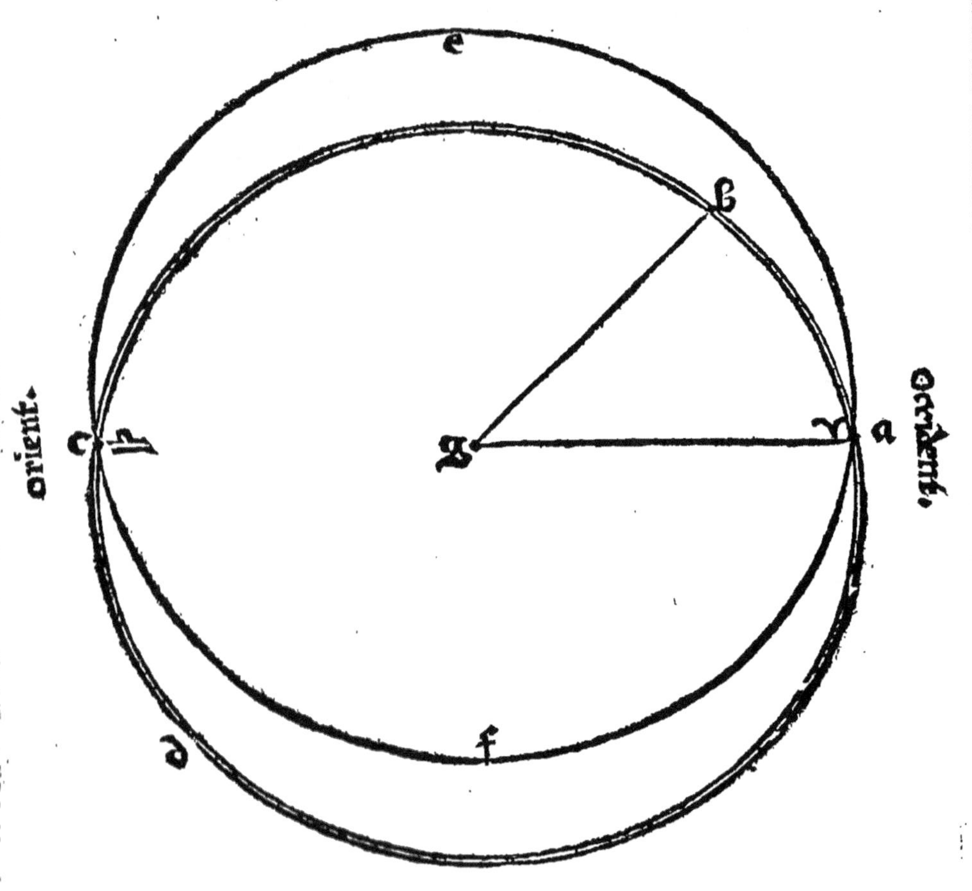

La huitiesme Sphere dicte le firmament, où sont les estoilles fixes, a trois mouuemens par lesquels (comme nous auons dit) on viët en la cognoissance de son vray & principal mouuement. Premierement ladicte Sphere est circunduicte regulierement au mouuement du premier mobile d'Orient en Occident en vingt quatre heures, comme les autres. Secondement au mouuemët de la neufiesme Sphere d'Occident vers Orient, en quarante neuf mil ans, comme a esté dit. Le tiers mouuement est à elle propre, excogité pour auoir ce qu'il faut adiouster ou soubtraire, du second mouuement, pour auoir le vray. Lequel propre mouuement de la huitiesme Sphere n'est pas circulaire, comme les autres : mais par maniere de titubation, ou trepidation, en la façon & maniere que s'ensuit cy apres.

Il faut imaginer en la huitiesme Sphere deux points diametralement opposites, par lesquels passe l'eclyptique ladicte huitiesme Sphere : dont l'vn est appellé le comencemët d'Aries, & l'autre de Libra. Lesquels poincts descriuent enuiron & au tour des chefs & comencemens d'Aries & de Libra de la neufiesme Sphere dessusdicte, deux petits cercles egaux en la concaue superfice d'icelle :

dont le diametre comprent dixhuiƈt degrez
de l'ecliptyque de ladiƈte neufiefme Sphere:
tellement que depuis lefdiƈts commencemens & chef d'Aries & de Libra d'icelle neufiefme Sphere, qui font les poles ou centres
defdiƈts petits cercles, iufques à la circunferêce d'iceux petits cercles, font neuf degrez,
du plufgrand cercle qui fe puift defcrire en
ladiƈte Sphere. Et font lefdiƈts petits cercles
entierement defcripts & paracheuez, par le
continuel & regulier mouuement defdiƈts
chef d'Aries & de Libra mobiles, de la huitiefme Sphere deffufdite en l'efpace de feptâ-
te mil ans. En façõ toutesfois & maniere qu'il
n'y a aucun poinƈt en toute la huiƈtiefme
Sphere qui defcriue cercle parfaiƈt, ou vraye
portion circulaire, fors les deux deffufdiƈts:
car tous les autres poinƈts defcriuent certaines figures irregulieres, ou portions d'icelles
fort diuerfes, excepté les poinƈts & commen-
cements de Cancer & de Capricorne de ladiƈte huiƈtiefme Sphere: lefquels defcripuent
vne portion, ou arc du grand cercle, au long
de l'ecliptyque de la neufiefme Sphere: com-
prenant dixhuiƈt degrez, cõme eft le diametre defdiƈts petits cercles : en façon que lefdiƈts poinƈts initiatifs de Cancer & de Capricorne de ladiƈte huiƈtiefme Sphere, declinêt

des poincts de Cancer & de Capricorne de
la neufiefme Sphere neuf degrez de ça , &
neuf degrez de la, pour le plus & aucunesfois
font enfemble. Les poles toutesfois de la huitiefme Sphere, defcriuent deux figures oua-
les, poinctues d'vn cofté, & rodelettes de l'autre, conioinctes du cofté des poinctes enfemble, auec les poles de l'ecliptyque immobile:
dont la longueur de chafcune d'icelles eft de
neuf degrez: & des deux enfemble de dixhuit
degrez : De forte que les poles deffufdits de
ladicte huictiefme Sphere, ne font point proprement appellez poles , à caufe qu'ils font
mobiles, & qu'il n'y a aucun point en toute la
huictiefme Sphere, qui ne foit mobile par cedit mouuement de titubation , Car lefdicts
poles s'eflongnent des poles de l'eclyptique
fixe maintenant deça maintenant dela: aucunesfois font enfemble, felon que les poincts
initiatifs d'Aries & de Libra de la huictiefme
Sphere, font elongnez , ou prochains de l'e-
clyptique fixe, ou conioincts auec & au long
d'icelle.

Et pour mieux entendre le difcours de ce
mouuement, imaginez qu'en cefte prefente
figure A B C D , foient les deux eclyptiques:
c'eft à fcauoir l'immobile & celle de la huitiefme Sphere immobile côme a efté dit. A ,

M iij

ſoit le point initiatif d'Aries de la neufieſme Sphere , centre du petit cercle F G H I, & le commencement de Libra de ladicte neufieſme Sphere , centre du petit cercle K L M N, & B, ſoit le chef de Cancer: D, le chef de Capricorne de ladicte Sphere : E, ſoit le pole Septẽtrional deſdictes eclyptiques , eſtãs ioints l'vn auec l'autre: I F G, doncques ſera la moitié ſeptentrionale du petit cercle F G H I, & G H I, la meridionale: pareillemẽt L M N, ſera la moytié ſeptentrionale du petit cercle K L M N, & N K L, la meridionale : F , ſera le point ſeptẽtrional, & H, le meridional dudit petit cercle F G H I: qui diſtinguent les quartes d'iceluy, auec l'eclyptique immobile ſemblablement M, ſera le point ſeptentrional du petit cercle K L M N: & K, le meridional. Itẽ G, & N, ſeront les poincts orientaux & ſuperieurs: & I, & L, les occidentaux & inferieurs deſdits petits cercles. Tellement que l'ordre des ſignes deſdits petits cercles commẽce au point F & K, par les points G & N, aux points H & M, Mais on ne conſidere la reuolutiõ & termes dudit mouuement, que au cercle F G H I, qui eſt deſcript du chef d'Aries de la huitieſme Sphere, enuiron & autour du chef & commencement dudit Aries de la neufieſme Sphere.

*Hiftoire & demonftration du mouuement de titubation de
la huictiefme Sphere : & de la fituation des
deux petits cercles.*

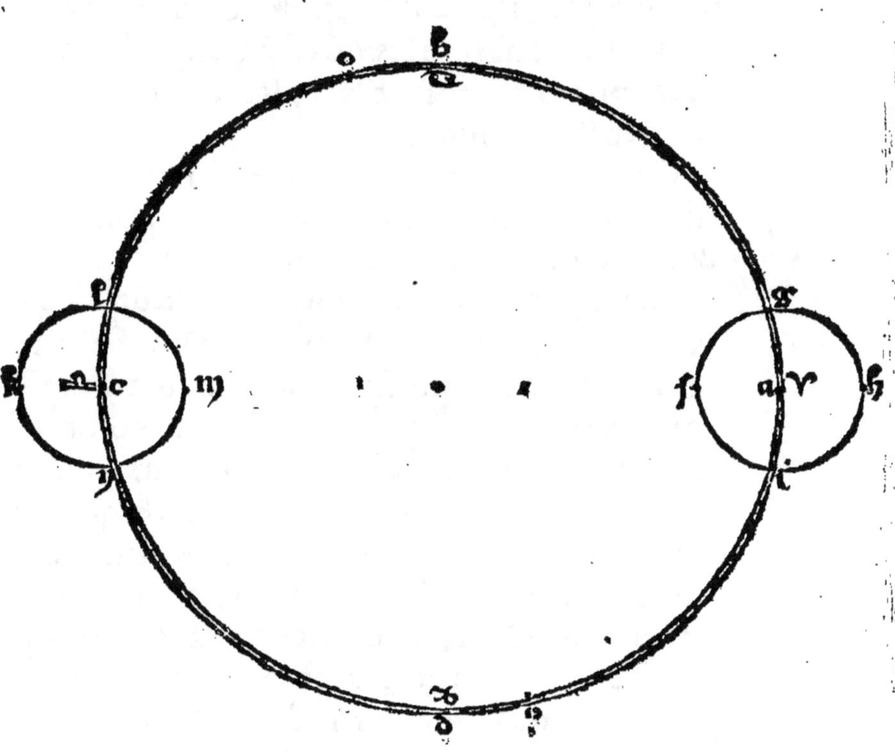

Suppoſe donc (leſdictes ecliptiques eſtans ainſi conioinctes) que le commencemēt d'Aries de la huictieſme Sphere ſoit au poinct G, le commencement de Libra ſera au poinct N; & le chef de Cancer de ladicte huictieſme Sphere ſera au poinct O, & celuy de Capricorne au poinct P : & les poles deſdictes ecliptiques ſeront ioincts : c'eſt à ſçauoir les Septētrionaux au poinct E, & les meridionaux au poinct oppoſite.

De ce lieu, le commencemēt d'Aries de ladicte huictieſme Sphere, deſcent au point H, & celuy de Libra monte au poinct M, & la plaine ſuperfice de l'eclyptique de la huictieſme Sphere, decline de celle de la neufieſme, en façon que la pluſgrande declination eſt touſiours auxdicts poincts faiſans le commēcement d'Aries & de Libra, eſtans aux points H, & M, ou en leur oppoſite. Et quāt & quāt le cōmencement de Cācer de ladicte huitieſme Sphere, viendra du poinct O, au poinct B: & celuy de Capricorne du poinct P, au point D : tellement que les commencemens de Cancer & de Capricorne de chaſcune deſdictes eclyptyques ſerōt ioincts enſemble: Mais le pole Septentrional de la huictieſme Sphere aura deſcript la moytié de la figure E Q, & ſera venu depuis E, iuſques au poinct

Q, en la plus grande elongation qu'il puist
auoir. Et autant faut entendre du pole meridional de ladicte huictiesme sphere, au regard de celuy de la neufuiesme vers la partie
opposite, comme demonstre ceste figure suiuante.

Autre demonstration & figure du mouuement trepidatoire
de la huictiesme Sphere.

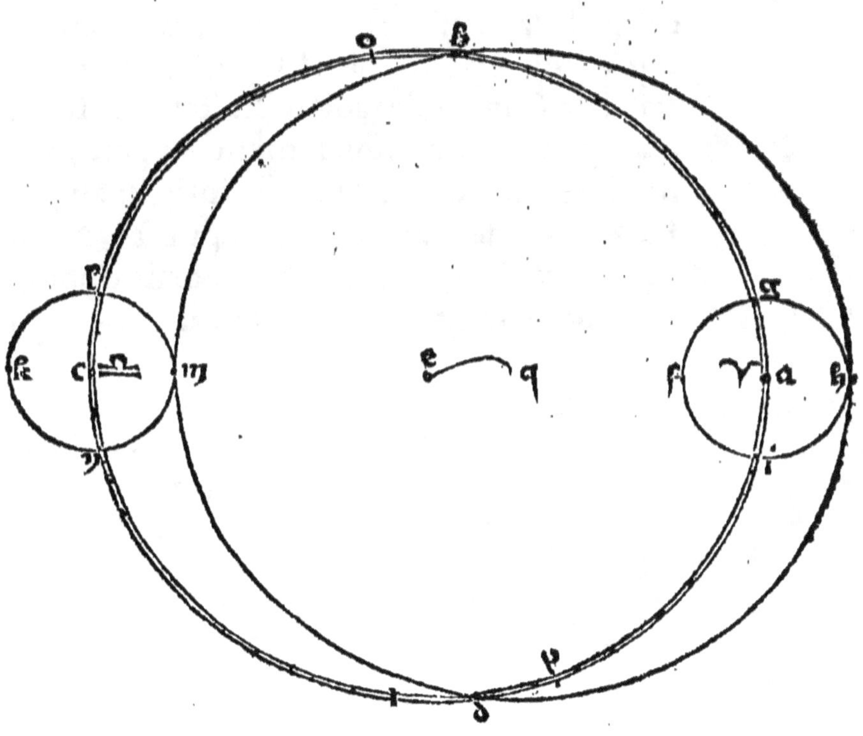

Consequemment ledit poinct faisant commencement du signe d'Aries de la huictiesme
sphere, descend du poinct H, au poinct I successiuement : & celuy de Libra du poinct M,
monte conformement au poinct : L tellement
que l'ecliptique de la huictiesme sphere s'approche petit à petit de l'ecliptique immobile
de la neufuiesme : & reuiennent finablement
ensemble comme deuant : & le pole septentrional reuient du poinct Q au poinct E, auec
celuy de la neufuiesme sphere : paracheuant la
figure ouale poinctuë E Q : Mais le poinct initiatif de Cancer de ladicte huictiesme sphere,
deuoyera proportionalement de celuy de la
neufuiesme, venant depuis B, iusques au point
R, & celuy de Capricorne depuis D, iusques
au poinct S : tousiours en la partie opposite,
comme demonstre ceste figure.

Autre demonstration du susdit mouuement de trepidation, & de la figure ouale.

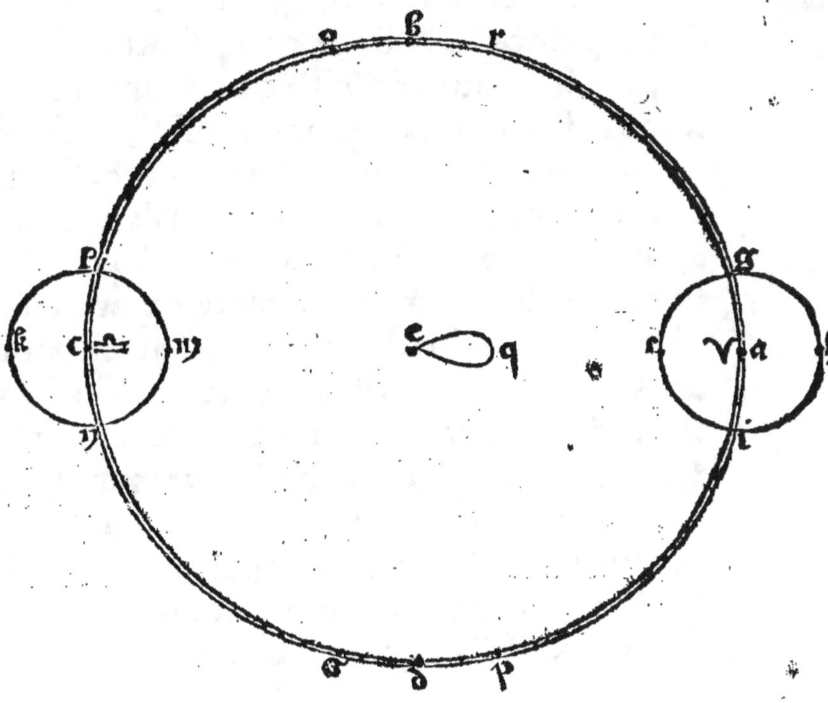

En apres, du poinct I, ledit poinct initiatif du
signe d'Aries de la huictiesme sphere, viendra
au poinct F, & le commencement de Libra du
poinct L , au poinct K : & le commencement de Cancer retournera du poinct L, au
poinct B : & celuy de Capricorne du poinct
S, au poinct D. Et le pole septentrional
du poinct E, au poinct T : descriuant la moitié de la figure ouale poinctuë ET, en façon
que les poles de la huictiesme sphere, seront
en la plus grande elongation qu'ils puissent
auoir des poles de la neufuiesme. Et la pleine
superfice de ladicte huictiesme sphere en la
plus grãde declination de rechef qu'elle puist
auoir de celle de ladicte neufuiesme. En façon
toutesfois que quand vn poinct decline vers
septentrion, l'opposite decline vers midy : &
au contraire quand l'vn vient de midy vers
septentrion, l'autre son opposite vient de septentrion à midy : comme clairement met deuant les yeux la figure suiuante.

Autre demonstration particuliere du susdict mouuement
de trepidation.

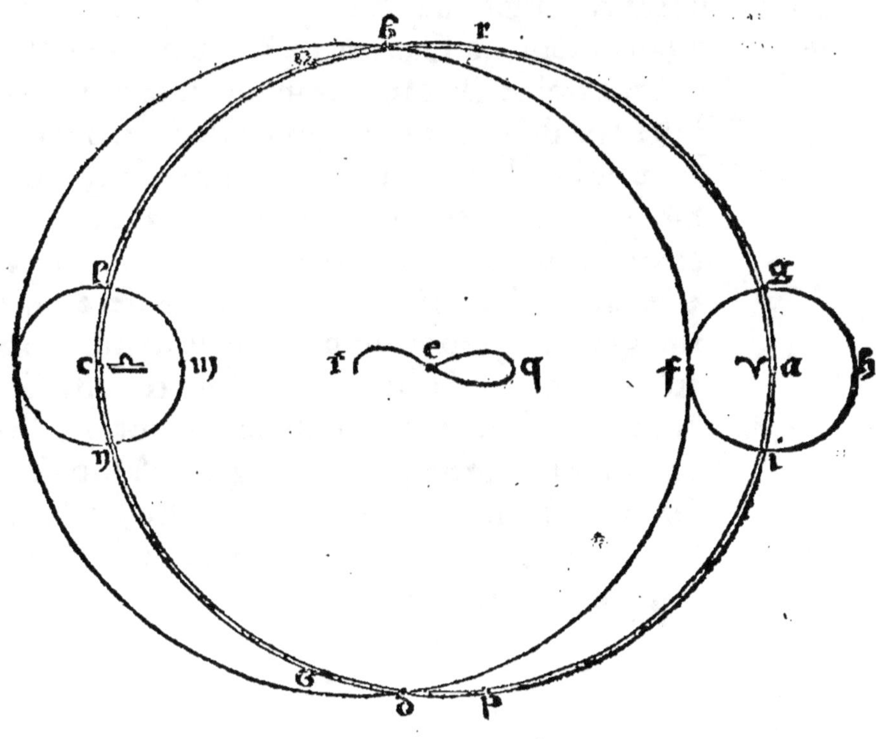

Finablement, le deſſus nommé commencemēt du ſigne d'Aries de la huictieſme ſphere, s'en va succeſſiuement du poinct F, au
poinct G: & celuy de Libra du poinct K, au
poinct N : & le pole septentrional de ladicte
huictieſme ſphere, retournera du point T au
point E: paracheuant la figure ET : & le commencemēt de Cancer de B, viendra de rechef au point O: & le commencement de Capricorne du point D, au point P. Et ſeront les
ecliptiques de rechef ioinctes enſemble, comme parauant. Puis retournera & aduiendra
tel & ſemblable diſcours, & reuolution qu'il a
eſté dit cy deuant. Et en ceſte maniere faut
imaginer ledit mouuement de titubation, ou
trepidation de la huictieſme ſphere deſſuſdicte: lequel ſe comprend plus aiſement par in-
ſtrument materiel, que par figure plaine: Cō-
bien qu'il ſoit aſſez facile à entendre, en la façon que nous l'auons declairé. Voicy la figure
du preſent propos.

Final discours & exemplaire demonstration du susdict mouuement de trepidation.

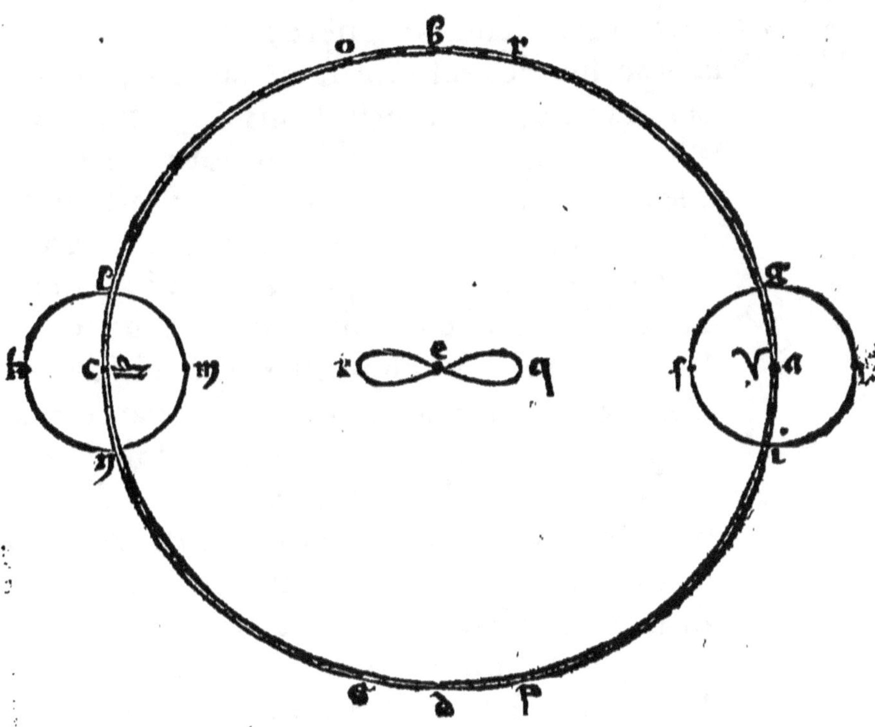

Il enfuit premierement des chofes fufdi-
ctes, que toutes & quantes fois que le chef &
commencement du figne d'Aries eft en l'vne
des interfections du petit cercle, qu'il defcript , & de l'ecliptique de la neufuiefme
fphere, que la plaine fuperfice de l'ecliptique
de ladicte huictiefme fphere, eft ioincte auec
la fuperfice de l'ecliptique de la neufuiefme.
Et hors cefdictes interfections l'ecliptique de
la huictiefme fphere diuife toufiours l'ecliptique de la neufuiefme en deux moitiez egales,
ou que foit le commencement & chef d'Aries
de ladicte huictiefme fphere, ce qui aduient
deux fois en vne reuolution. Et font lefdictes fections des ecliptiques deffufdictes les
chefs & commencemens de Cancer & de
Capricorne de ladicte huictiefme fphere, diftans toufiours du commencement d'Aries
mobile, & de Libra par nonante degrez : En
façon que ces deux poincts tant feulement
de la huictiefme fphere ne feparent iamais
l'ecliptique de la neufuiefme fphere : car tous
les autres declinent ça ou la , comme il eft
euident.

Secondement il eft notoire des chofes precedentes que lefdictes interfections des ecliptiques deuãt nõmées, eftãs toufiours (cõme no^g
auons dict) le chef & cõmencement du figne

de

de Cancer & de Capricorne de la huictiesme
sphere, descriuent en allant & retournant en
l'ecliptique de la neufuiesme sphere, deux
arcs, comprenans dixhuict degrez de longueur, comme sont les arcs R B O, & S D P,
de la precedente figure. Lesquelles intersections des ecliptiques dessusdictes vont au log
& succession des signes, quand le chef mobile
d'Aries de la huictiesme sphere part du point
occidental du petit cercle, par la moitié se-
ptentrionale, allant au point oriental d'iceluy
comme du point I, par F, au point G de ladicte precedente figure. Et quad ledit chef d'A-
ries mobile descend du point G par H, au
point I: c'est à dire quand il va du point oriental du petit cercle, par la partie meridionale, au
point occidental d'iceluy : alors les intersections dessusdictes vont au contraire de l'ordre & succession des signes de ladicte neufuiesme sphere : comme il appert par le dif-
cors precedent.

Tiercemét il ensuit que les deux ecliptiques
dessusdites ne se diuisent iamais, és chefs de
Cancer & de Capricorne, fors seulemét quad
le chef & commencement d'Aries de la huictiesme sphere, est aux moyens points des pe-
tis cercles, ou aduient la plus grande declina-

N

tion , comme aux points F & H, de la figure
precedente. Et nonobſtant cela leſdits chefs
de Cancer & de Capricorne de la neufuieſme
ſphere, ſont droictement & touſiours au milieu des arcs deſſuſdits, qui deſcriuent leſdites interſections. Et auec ce leſdits points mobiles de Aries & Libra de la huitieſme ſphere,
ſont touſiours (ou qu'ils ſoient) quand leſdites ecliptiques ſe diuiſent, les points de l'e-
cliptique de la huitieſme ſphere : qui plus declinent pour lors de l'ecliptique de la neufuieſme. Tellement que qui produiroit vn
grand cercle par les poles de l'vne & l'autre
ecliptique , il paſſeroit droitement par leſdits
points initiatifs d'Aries & Libra mobiles de la
viij. ſphere deſſuſdits.

Quatrieſ-
me conſe-
quence &
concluſion.

    Il enſuit auſſi que nonobſtant qu'en vne re-
uolution dudit mouuement, les chefs de Cancer & Capricorne de la huictieſme ſphere,
ſoient auec les chefs de Cancer & Capricorne
de la neufuieſme, toutesfois iamais n'aduient
que les chefs d'Aries & Libra de la huitieſme
ſphere ſoiët auec les chefs d'Aries & Libra de
la neufuieſme. Pource que ceux de la neufuieſme ſont touſiours les centres des petits
cercles : dõt ceux de la huitieſme deſcriuët &
& ne ſeparent iamais la circunference.

Quintement il eſt manifeſte & enſuit du mouuement deſſuſdit, que nonobſtant que l'ecliptique fixe decline touſiours de l'equateur d'vne ſorte, & le diuiſe touſiours d'vne maniere, toutesfois l'ecliptique de la huitieſme ſphere entrecouppe ledit equateur de points en points, comprins en deux arcs diſtinguez ça & la, par deux grans cercles, touchans & ioingnans droictement les points des petits cercles, ou aduiennent les plus grandes latitudes & deuiations deſdites ecliptiques. Tellement que les chefs & commencemens d'Aries du premier mobile, & de Libra, ſont touſiours au milieu deſdits arcs : dont en vne reuolution du chef d'Aries de la huitieſme ſphere en ſon petit cercle, les interſections de l'ecliptique de ladite huitieſme ſphere, & de l'equateur, ſont deux fois enſemble auec les chefs d'Aries & Libra dudit premier mobile, & deux fois en la plus grande elongation qu'elles puiſſent auoir, partie vers orient, & en partie vers occident. Car quand le chef d'Aries de la huitieſme ſphere, eſt au poinct ſeptentrional du petit cercle, leſdictes interſections de l'ecliptique de la huitieſme ſphere & de l'equateur ſont en leur plus grande remotion qu'elles puiſſent auoir du chef d'Aries & de Libra du premier mobile vers occident, de la ledit chef d'Aries de la huictiesme spherevenant au point oriental de son petit cercle, ou aduient pareillement (comme a esté dit) la coniunction des ecliptiques & sections d'icelles, auec l'equateur, ladite section de l'ecliptique de la huictiesme sphere auec l'equateur, va successiuement au long desdits arcs vers orient, iusques à ce que ledit chef d'Aries de la huictiesme sphere vienne au point meridional de son petit cercle : & lors aduient la plus grande remotion desdites intersections de l'ecliptique de la huictiesme sphere, & de l'equateur, qui puist estre vers orient. Finalement de cedit lieu & point meridional, le chef dudit Aries de la huictiesme sphere, retournant par le point occidental du petit cercle, on de rechef aduient la coniunction des ecliptiques, & intersections dessusdictes comme deuant, les intersections de l'ecliptique de la huictiesme sphere & de l'equateur s'en retourneut successiuement & proportionalement vers occident, iusques à ce que le chef d'Aries de la huictiesme sphere, soit de rechef au point septentrional de sondit petit cercle. Lors aduient comme deuant, que lesdictes sections soient plus esloignées vers occident qu'elles puissent estre : & ainsi de reuolution en reuo-

lution. Et faut noter que lefdits arcs de l'e-
quateur,au long defquels les interfections de
l'ecliptique de la huictiefme fphere , & dudit
equateur vont vers orient , & reuiennent
vers occident,en la maniere cy deuant dit-
te, ne font pas en toutes les reuolutions du
petit cercle egaux : mais aucunesfois plus
grans, & aucunesfois moindres : felon que le
centre dudit petit cercle eft plus prochain,ou
plus loing du chef d'Aries & de Libra du premier mobile. Et le plus grand arc qui puift
eftre. eft quand le chef d'Aries de la huitiefme fphere eft au point feptentrional,ou meridional de fon petit cercle : & le chef d'Aries
de la neufuiefme fphere auec celuy du premier mobile. Item combien que lefdits arcs
foient diffinis & limitez,de forte que lefdittes
interfections de l'ecliptique de la huitiefme
fphere , & de l'equateur, ne les excedent iamais, toutesfois chacun point de l'ecliptique
de la huitiefme fphere interfeque l'equateur
au long defdits arcs , pres le chef d'Aries & de
Libra du premier mobile, pendant que les
centres des petits cercles font vne reuolution
qui eft durant le temps de quarante neuf mil
ans,comme a efté dit cy deffus.

 Outre plus il enfuit que les interfectiõs def-
fufdittes de l'ecliptique de la huitiefmefphere

N iij

Arcs de l'e-
quateur en
toutes re-
uolutions
n'eftre ef-
gaux.

Sixiefme consequêce & conclusion sur le susdit mouuement de titubation.

& de l'equateur, ne sont point tant seulement diuersifiées, mais aussi la grandeur des angles desdites intersections croist & decroist continuellement. Dont la cause est euidente de la diuersité obseruée touchant les plus grandes declinations du Soleil : lesquelles ont esté trouuées plus grandes par Ptolomée, que par Alcmeon, & de luy plus grandes que par ceux de nostre temps. Car les deferens de l'auge du Soleil ensuiuent le mouuement des estoilles fixes, comme a esté dit : & la plaine superfice du cercle eccentrique du Soleil, & de l'ecliptique, & des deux orbes difformes sont ensemble : dont à la variation de l'vn ensuit necessairement la diuersité de l'autre, & consequemment desdites declinations.

Septiefme consequêce du susdict mouuemêt.

Item il est manifeste pour la variation desdite des intersections de l'ecliptique de la huitiefme sphere & de l'equateur, que le Soleil ne retourne pas d'vn equinocce ou Solstice à l'autre suiuant en egal, & mesme espace de temps : mais aucunesfois plus tost, & aucunesfois plus tard : & peust estre la difference iusques à la quantité d'vne heure commune.

Huiliefme consequence.

Dauantage li s'ensuit, qu'il n'est pas equinocce vniuersel, toutes & quantesfois que le

Soleil est au premier point d'Aries ou de Libra du premier mobile. Car il ne peust aduenir equinocce, fors quand le Soleil est aux intersections de l'ecliptique de la huitiesme
Sphere, & de l'equateur. Lesquelles intersections ne conuiennent auec le premier point
du signe d'Aries & de Libra du premier mobile, que deus fois en sept mil ans. Et si ne aduient pas souuent que le Soleil estant audit
commencement d'Aries ou de Libra du premier mobile, n'ait point de declination. Pour
ce qu'il la peut auoir assez notable : comme
l'on peut deduire dudit mouuement. Et par
semblable raison il ne s'ensuit pas, que le Soleil ayt sa plus grande declination, quand il est
au premier point de Cancer ou de Capricorne du premier mobile : ainsi qu'on peust deduire des choses dessusdictes.

Finablement il est necessaire des choses dictes cy deuant, que les deux tropiques soient
aucunesfois plus prochains qu'autre , assez notablement : sans exceder neantmoins
certains limites determinez. Toutesfois lesdicts tropiques peuuent estre plus prochains
& plus loingtains dudit equateur par l'espace de dixhuit degrez, & consequemment
la variation & difference des plus grandes declinations est pareillement de dixhuict

Neufiesme consequéce ou côclusio.

N iiij

degrez vne fois plus qu'autre. Car si le centre du petit cercle, chef d'Aries de la neufuiesme sphere, aduient au premier point de Cancer du premier mobile, & le premier point d'Aries de la huitiesme sphere est au point septentrional de son petit cercle, la declination dessusditte sera plus grande que celle de la neufuiesme sphere de neuf degrez, & moindre d'autant s'il estoit au point meridional dudit petit cercle. Et par ainsi neuf & neuf font dixhuit, toute laditte plus grande diuersité des choses dessusdittes.

Finale cöclusion de tous les discours precedens.

Il ne se faut donc point esbahir, si le mouuement de la huitiesme sphere a esté trouué par plusieurs obseruateurs fort diuers, & si aucuns ont dit que les estoilles fixes, & les auges des planetes alloient aucunesfois selon l'ordre des signes, & par autres fois au contraire : & si ledit mouuement a esté trouué plus tardif, ou plus veloce des vns que des autres. Et si les opinions des anciens Astronomes, ont esté sur ce point diuerses. Car toutes les choses dessusdittes s'ensuiuent des mouuemens desia exprimez, tant de la huitiesme sphere, que de la neufuiesme : de laquelle le vray mouuement a esté difficile à cognoistre, & reduire finablement à si ingenieuse & subptile imagination.

Reſte pour finale concluſiõ venir à la practique du mouuement deſſuſdict:laquelle eſt
telle que par le moyen mouuemẽt de la huitieſme Sphere,on entend l'arc du petit cercle, comprins depuis le poinct ſeptentrional
d'iceluy,iuſques au chef d'Aries de la huitieſme Sphere, ſelon l'ordre des ſignes dudit petit cercle.Comme eſt l'arc C G, ou C D I , &

Moyẽ mou-
uement de
la huictieſ-
me Sphere,
auecques
exemple
d'iceluy.

ſemblables de la ſuiuante figure ſuppoſé que
A , ſoit le pole ſeptentrional de la neufieſme
Sphere:D B F,l'eclyptique d'icelle: B, le premier poinct d'Aries,& centre du petit cercle
C D E F:duquel C, ſoit le point ſeptentrional,D,le poinct Oriental,E,le meridional, &
l'Occidental F. Et auec ce le chef d'Aries de
ladite huitieſme Sphere ſoit au poinct G , ou

Equation
de la hui-
ctieſme
Sphere.

I.Item pour l'equation de ladite huitieſme
Sphere eſt entendu l'arc de l'eclyptique immobile du premier ciel ou neufieſme Sphere,comprins depuis le centre du petit cercle,
iuſques à la ſection du grand qui procede des
poles de ladicte eclyptique fixe,& paſſe par le
chef d'Aries de la huitieſme Sphere:ainſi que
repreſente l'arc B H , de ladite figure ſuiuan-
te:ou B L , ſuppoſé que ledit Aries de la huitieſme Sphere ait ſon commencement au
point K,ou au point M.

La Theorique

Figure & hiſtoire demonſtrant le moyen mouuement & equation de la huictieſme Sphere.

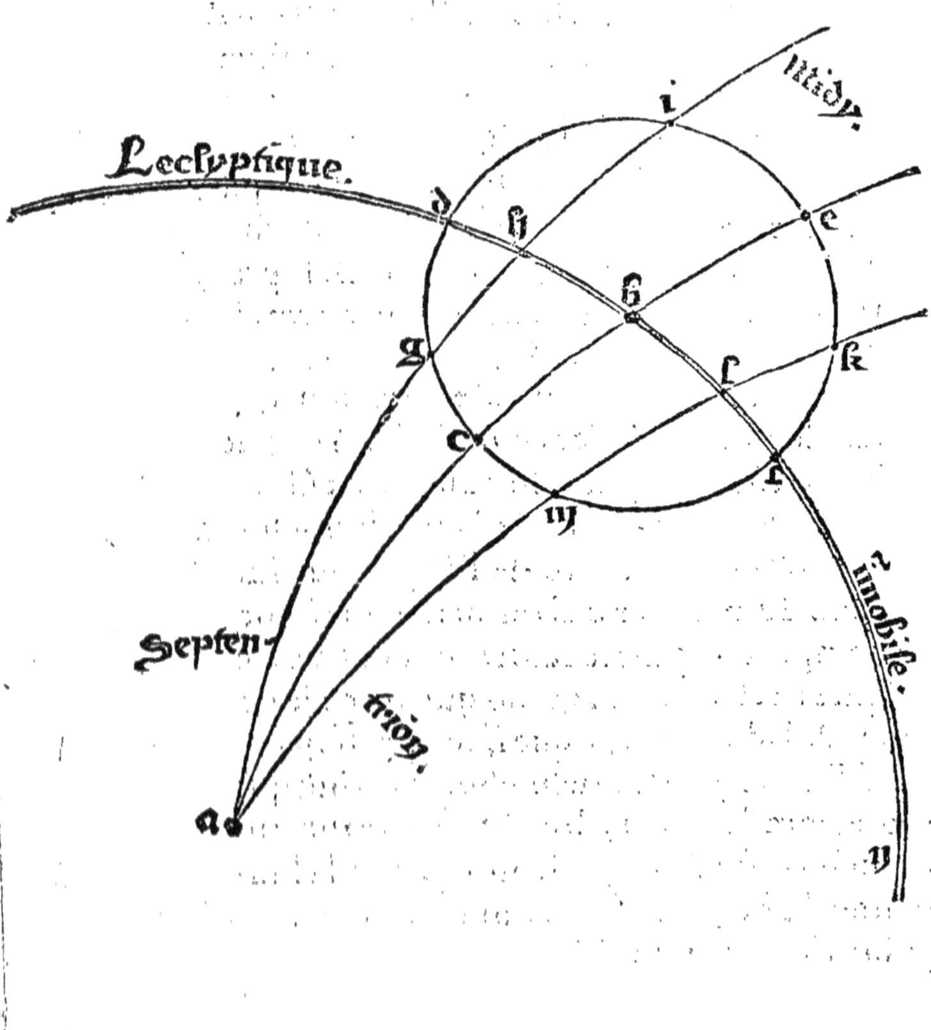

Ces chofes neceffairement premifes, il cõ-
uient noter que toutes & quantesfois que le
chef d'Aries de la huitiefme Sphere , eſt au
poinⱸ feptentrional de fon petit cercle comme C, ou meridional comme E, ladicte equation eſt nulle : qui aduient quand le moyen
mouuement eſt nul , ou demy cercle iuſtement, comme eſt l'arc C D E , de ladicte precedente figure. Et quand le moyen mouuemēt eſt precifemēt nonante degrez, ou deux
cens feptante , lors ladicte equatiõ eſt la plufgrande que puiſſe aduenir: cõme le chef d'A-
ries de ladicte huitiefme Sphere eſtant au
point D, oriental, ou occidental F , de fon dit
petit cercle: car ladicte equatiõ eſt le femidia-
metre B D , ou B F. Mais quand ledit moyen
mouuement ne paſſe poinⱸ cent octante degrez, eſtãt moindre que demy cercle , lors on
adiouſte ladicte equation au mouuement de
la neufiefme Sphere, qui eſt le moyē mouuement des auges des planetes , pour auoir le
vray. Et fi ledit moyen mouuemēt de la huitiefme Sphere paſſe demy cercle , il faut lors
foubtraire ladicte equation. Metez le cas que
le moyen mouuement des auges foit N B,
& le moyen mouuement de la huitiefme
Sphere C G, ou C D I, il faut adiouſter l'equation B H, audit moyen mouuemēt N B, pour

*Pour auoir
le vray
mouuemēt
de la hui-
ⱸiefme
Sphere.*

*Exemple
& demon-
ſtration du
propos pre-
cedent.*

auoir le vray N H. Itē mettez le cas que ledit
moyē mouuement de ladite huitiefme Sphere foit C D K, ou C K M, il conuient foubtraire l'equation B L, dudit moyen mouuement N B, pour auoir le vray N L. Et ce fuffi-
fe quant à cefte matiere : auquel lieu ie feray
fin aux prefentes Theoriques: fuppliant touts
bons efprits prendre mon labeur agreable-
ment.

Cy finift la Theorique de la huictiefme Sphere &
fept Planetes : trefclairement & au vray demon-
ftree & elucidee par ORONCE FINE, en
fon viuant Lecteur Mathematicien du Roy.

LOVANGE DES ASTRO-
NOMES ET SPECVLATÈVRS
du Ciel: extraicte du premier
des Fastes d'Ouide.

Eureux sept fois sont les premiers esprits
   Qui ont des cieux les grãds secrets cõ-
Heureux espris qui par bõnes raisõs (pris.
   Allérent voir les celestes maisons:
Croire nous faut qu'en oubliant touts vices,
   Touts passetemps, toutes folles delices,
Que iusqu'au Ciel leurs testes elenérent,
   Et ce faisant touts humains surpassérent:
Ny le vin pur, ny la cour, ny l'amie,
   Ny les proces, ne la guerre ennemie,
Ny le masque d'vne glorie venteuse,
   Ny des estats poursuitte ambiticuse,
Ny l'aspre faim des biens & grands honneurs
   Ne sceurent onc pouuoir gaigner leurs cœurs:
Mieux ont aimé mettre deuant nos yeux,
   Les corps du ciel, leurs hauteurs, & leurs lieux
Et firent tant que touts leurs mouuements
   Furent compris par leurs entendements:
Voila comment il faut au Ciel venir,
   Voila qui fait immortel deuenir.

LA MORT N'Y MORD.

VIRTVTIS ET GLORIÆ

COMES INVIDIA.